ANTROPOLÓGICA MENTE

Bitácora de un paleoneurólogo

EMILIANO BRUNER

Shackleton
books

Antropológica Mente. Bitácora de un paleoneurólogo
© Emiliano Bruner, 2024
© de esta edición, Shackleton Books, S. L., 2024

Shackleton
— b o o k s —

(f) (y) (©) @Shackletonbooks
shackletonbooks.com

Realización editorial: Bonalletra Alcompas, S. L.
Diseño de cubierta: Pau Taverna
Diseño y maquetación: reverté-aguilar
© Ilustraciones: Emiliano Bruner

ISBN: 978-84-1361-328-4
Depósito legal: B 13800-2024
Impreso por EGEDSA (España).

A Carmen.
Este proyecto nos ha unido.
Ahora el proyecto somos nosotros.

CONTENIDO

Introducción

«Un autor necesita una presentación, y un blog necesita un objetivo. La primera se refiere al pasado, el segundo al futuro. El pasado es bastante heterogéneo, caracterizado por un vagabundear entre ciencias y campos muy diferentes. Licenciado en Biología, con un recorrido académico prevalentemente zoológico, para acabar defendiendo una tesis experimental en ecología humana. Luego han llegado las colecciones osteológicas, la primatología y los museos de ciencias naturales. Y finalmente la paleontología humana, las técnicas de anatomía digital y la morfometría computarizada, acabando con un doctorado en Biología Animal sobre paleoneurología: el estudio de la anatomía cerebral en los fósiles. Hoy sigo dirigiendo un laboratorio de paleoneurología, y enseñando esta disciplina en un centro de arqueología cognitiva. Mientras tanto, a nivel de investigación, el abanico se ha ampliado bastante. La morfología funcional del cráneo, el sistema vascular del cerebro, la neuroanatomía evolutiva, hasta llegar a estudios psicométricos y cognitivos. Y muchos años de *blogging*, empezando hace tiempo con la neuroantropología, y luego ampliando a zoología, craneología, paleoneurología, museología, evolución humana, o saliendo del contexto estrictamente científico para abarcar temas sociales, la música, la fotografía, hasta... ¡el tango! *Antropológica Mente* es un intento de canalizar y compartir parte de este recorrido en un camino orgánico, común, sensato, sintético, que consiga presentar relaciones y conexiones entre los muchos temas que caracterizan mis líneas de investigación. He elegido tres palabras clave como brújula para orientarse en este océano: *antropología, cerebro* y *evolución*. Tres palabras específicas, pero sin fronteras. Todo es antropología, todo pasa por el filtro de nuestros cerebros, y todo ha pasado a través de un proceso de selección y cambio. Somos seres conscientes atrapados en una relación de indeterminación, siendo el sujeto y el objeto de nuestros propios estudios. Vinculados a este principio de incertidumbre, somos a la vez la entidad observada y la entidad observadora. Este blog hablará de fósiles y de simios, de anatomías y de cerebros, de procesos evolutivos y cognitivos, de cráneos y otros huesos, ofreciendo ideas y perspectivas para interpretar algunos aspectos quizá importantes de nuestra historia natural. Sin buscar respuestas, sino cumpliendo con el objetivo más significativo de la divulgación científica, intentando explicar las preguntas. En mi página personal podéis encontrar un espacio blog de noticias (en inglés), un apartado de artículos científicos, un apartado de divulgación y medios de comunicación (sobre todo en español), y un listado de todos mis blogs, en español, inglés e italiano. Entre los blogs en español, mi blog personal de música Quenántropo, donde a menudo integro música, antropología, y neurociencias, uno que publico para el Museo de Historia Natural López de Mendoza de Burgos, y uno que coordino para la Escuela de Posgrado en Evolución Humana de la Universidad de Burgos. Adelante».

Así empezaba, a mediados de 2015, mi nueva bitácora *online* para *Investigación y Ciencia*, la versión española de la revista estadounidense *Scientific American*. La versión italiana, *Le Scienze*, había sido una referencia incondicional en mi juventud y a lo largo de mi carrera en biología, así que, cuando me propusieron escribir en la revista una sección de divulgación, sentí una profunda mezcla de orgullo, agradecimiento y satisfacción. Me contactaron a raíz de mis (muchos) blogs activos por entonces, en los que escribía con un estilo bastante personal entradas sobre temas muy variados. Después de tantos años, sigo siendo un fan incondicional del *blogging*, y un crítico muy severo de las redes sociales, así que para mí fue una motivación importante el poder promocionar y desarrollar este medio de comunicación en un marco profesional tan reconocido. Ha sido una gran oportunidad, un privilegio y un verdadero honor haber podido publicar mis inquietudes en esa revista a lo largo de casi diez años.

Ahora bien, la diferencia entre una entrada (*post*) y un artículo puede ser sutil, y la frontera, borrosa. La entrada de un blog suele ser generalmente más breve y, en especial, se basa en los enlaces que vienen con ella. Estos unas veces profundizan en la información y otras la sustentan. En su concepto extremo, una entrada no se sujeta por sí sola, es decir, sin sus enlaces. Un artículo, por el contrario, suele ser más largo, y sobre todo no cuenta con recursos multimedia, como enlaces o vídeos, con lo cual tiene que bastarse por sí mismo. Desde luego, esta dicotomía es conceptual, y en internet hay todo un espectro de textos que ofrecen combinaciones y alternativas a este esquema básico. En mi caso, muy pronto las entradas se «articulizaron» hasta volverse textos independientes donde los enlaces solo cumplían con la función de profundizar en la información, para los que estuviesen interesados.

Poco antes de cumplir los cincuenta años de actividad, *Investigación y Ciencia* fue adquirida por la multinacional *Springer*

Nature, un verdadero coloso de la edición científica mundial. Acto seguido, la publicación en papel fue suspendida y, después de un año, a principios de 2023, la multinacional cerró definitivamente la revista. El español es la segunda lengua materna más hablada del mundo, con lo cual podemos incluso imaginar que *Investigación y Ciencia* ha sido, a lo largo de casi medio siglo, tal vez la revista de divulgación científica más leída (o bien, leíble) del planeta (desconozco si hay una revista análoga en chino). Los intereses de las multinacionales son inescrutables, pero la maniobra desde luego fue poco elegante y sospechosa, sobre todo considerando que la susodicha empresa se presenta como garante de la ciencia y de la sabiduría mundial. Y la cosa empeora mucho cuando se considera que el cierre de la revista no vino solo: *Springer Nature* borró, de cuajo, todos los archivos. Cuarenta y seis años de publicaciones, en papel y en digital, eliminados de un día para otro. Hoy en día borrar archivos equivale a quemar libros, lo cual genera serias dudas sobre el valor moral de esta empresa.

Total, quienes teníamos una producción literaria en la revista desaparecida (en mi caso, cuarenta y tres artículos digitales más algunos publicados en la revista en papel) nos encontramos con un repentino y absurdo vacío, y un escueto editorial *online* que se limitaba a comunicar que dicha revista ya no existía. De ahí, después de una incómoda reacción emocional a lo que ha sido una burda y arrogante represión feudal, la necesidad de encontrar un nuevo hogar para tantas ideas y tantas propuestas forjadas durante todos estos años. En mi caso, ese hogar es este libro, en el que presentamos una selección de aquellos artículos publicados entre 2015 y 2023, víctimas de la quema editorial.

Así pues, este libro tiene el objetivo claro de resucitar esos artículos, perdidos en el olvido cibernético de servidores que, a estas alturas, habrán sido ya formateados o archivados en un almacén de tecnología obsoleta. Al fin y al cabo, los registros más duraderos, a día de hoy, siguen siendo la piedra o el papiro, y el libro impreso sigue dando más seguridad que unos bits numéricos. Al mismo tiempo, otro de sus objetivos es presentar estos trabajos en un marco común, algo que es más difícil de consolidar en el mundo inconsistente de las nubes informáticas. Aunque son artículos que hablan de temas distintos, tienen dos elementos comunes: el autor y los tiempos que corrían por entonces. Estos dos factores generan cierta continuidad en la perspectiva, cierta coherencia, cierta actitud tanto literaria como científica, que se puede apreciar a la hora de reunirlos todos en un cuerpo único.

Evidentemente, hemos decidido publicar estos artículos tal y como vieron la luz originalmente, sin cambios, a pesar de que en estos años puede que haya habido un desarrollo de los temas o incluso... ¡del mismo autor! Los escritos no tienen una progresión determinada y, de hecho, no es necesario leerlos según el orden de publicación. Además, siendo independientes, a veces repiten o profundizan conceptos ya mencionados en otros. Algunos de los comentarios adicionales que aparecían después de los textos, así como comentarios nuevos que pueden ayudar a actualizar algunas consideraciones, se publican ahora como notas. También hemos incluido nuevas imágenes, para enriquecer gráficamente el texto, que ya no cuenta con enlaces o herramientas multimedia añadidas.

Espero que el resultado pueda representar un fructuoso homenaje a aquellos diez años de trabajo, y, por supuesto, a *Investigación y Ciencia*, que tanto ha aportado a la divulgación científica y a nuestro conocimiento. Lo dicho: adelante.

Burgos, 18 de marzo de 2024

PARTE I
Evolución, anatomía y cerebro

Viaje a la oscura geografía de un cuerpo

La exploración nos ha llevado a poder dibujar muchos detalles
de los mapas siderales de este nuestro universo, así como
los mapas moleculares de nuestros genes y cromosomas.
Parece mentira que luego nos perdamos en ese espacio
aparentemente más sencillo que es nuestro propio cuerpo.

Ennio Flaiano,[1] con la asombrosa lucidez que caracterizaba sus tajantes constataciones, comentaba en su *Diario nocturno* que un día el científico, cansado de lo infinitamente grande y de lo infinitamente pequeño, se dedicará a lo infinitamente promedio. En ello estamos. A principios de la segunda mitad del siglo pasado, los estudios anatómicos estaban llegando a una situación de escasos avances, a causa de límites en las técnicas y en las muestras. Los métodos de disección y preparación de órganos y tejidos requieren mucho tiempo y esfuerzo, y aportan una información crucial pero limitada. Trabajar con cadáveres para investigar los rincones de nuestro propio cuerpo, aun siendo la forma más directa de echar un ojo a nuestra arquitectura general, no garantiza a menudo un número de sujetos suficientemente elevado para

---

[1] Ennio Flaiano (1910-1972) fue un escritor, periodista, guionista y crítico cinematográfico italiano.

evaluar con seriedad hipótesis y teorías. Los individuos que se pueden utilizar son pocos y de difícil gestión, tanto a nivel físico como burocrático y administrativo. Ha habido épocas en las que si tocabas un difunto te encarcelaban o hasta te quemaban vivo, y épocas en la que, por el contrario, se descuartizaban cuerpos sin hacer demasiadas preguntas. Por lo menos en Europa, con la llegada de un modelo social y cultural más decente, los problemas se han ido gestionando de forma más propia, resolviendo excesos y defectos del «mercado de los cadáveres». Hoy en día, utilizar material humano en investigación es algo plenamente reconocido dentro del sistema científico,[2] pero requiere una organización administrativa que pocas instituciones se pueden permitir manejar, y aun así, los resultados son a menudo muy parcos. Los estudios se suelen basar en pocos individuos, algo que reduce estadísticamente la posibilidad de evaluar la estabilidad de una hipótesis científica. Además, las preparaciones anatómicas, en algunos casos verdaderos artilugios de los horrores, en otros verdaderas obras de arte, no son más que el destripamiento de una cáscara: no hay funciones en marcha, los tejidos no están en su contexto biológico, el sistema está apagado, incompleto y repegado con medios artificiales que simulan un decoro orgánico. Es lo que hay, con todos sus méritos y con todas sus carencias.

En las mismas décadas en las que la anatomía sufría una seria falta de motivación, llegaban las moléculas: las proteínas, los genes, el ADN y toda una larga serie de nuevas ideas, de nuevas esperanzas, de nuevas promesas y de nuevas utopías. La historia siguió su curso: los estudios anatómicos acabaron en los cajones de

---

[2]   Hace unas décadas, Bill Bass, piedra angular de la antropología forense de Estados Unidos, empezó un proyecto pionero para promocionar los estudios con cadáveres en este campo. Su «granja de cuerpos» fue un éxito para la disciplina, y pronto se convirtió también en un éxito para libros y series de televisión.

viejos laboratorios, mientras la nueva biología se lanzaba a la exploración de las moléculas de la vida. El saber anatómico se congeló. La mirada se volvió hacia la inmensidad de las estrellas y hacia lo imperceptible de las moléculas, olvidando el valor de nuestro propio cuerpo y de todo lo que todavía nos quedaba por descubrir acerca de él.

Hubo que esperar unas cuantas decenas de años para que la revolución digital empezase a cambiar las cartas del juego. Los recursos electrónicos se hicieron cada vez más potentes, la informática sembraba ordenadores en cada casa y en cada oficina, las empresas tecnológicas adecuaban equipos y programas a las nuevas necesidades, hasta que la biología del carbono se fue sustituyendo por la física del silicio, y la anatomía pasó de ser cosa de células a ser asunto de píxeles (véase la figura 1). A finales del siglo pasado, técnicas como la tomografía computarizada o la resonancia magnética, que habían revolucionado el campo biomédico (con sus aplicaciones en el sector diagnóstico, quirúrgico y protésico) y la ingeniería mecánica (con sus aplicaciones en diseño y modelos virtuales) alcanzaron una precisión suficiente para ser utilizadas también en investigación. Y se volvieron a abrir los cajones de la anatomía general y comparada.[3]

La vuelta a lo infinitamente promedio, gracias a las técnicas digitales, fue impactante. Las estructuras anatómicas se podían por fin estudiar en individuos vivos, en miles de ellos, sin tener que descuartizar a nadie y con una precisión de décimas de milímetros. Impresionante. La morfología, el estudio de las formas anatómicas, era libre de sondear y explorar cada rincón del cuerpo humano.

---

[3] Los estudiantes de mi equipo publican en un blog de laboratorio notas y comentarios acerca de estudios y publicaciones sobre anatomía y morfología del cráneo y del cerebro. Os invito a echar un vistazo: www.skullandbrain.wordpress.com.

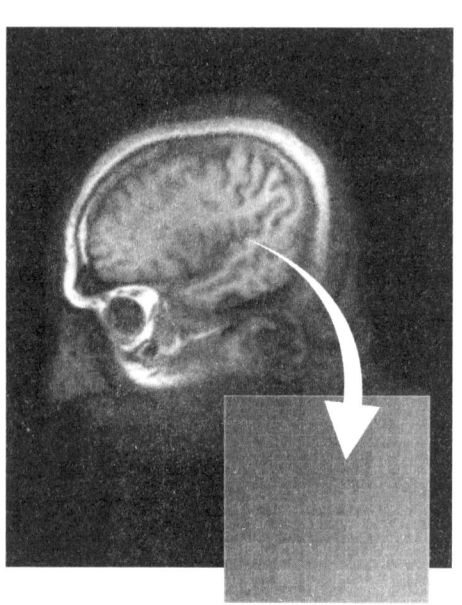 

Figura 1. Ya desde hace unas décadas, la neuroanatomía se basa sustancialmente en las imágenes biomédicas, con técnicas como la tomografía computarizada (que identifica sobre todo los tejidos duros) y la resonancia magnética (que identifica sobre todo los tejidos blandos). Son técnicas complejas que mezclan biología, electrónica e informática, pero al fin y al cabo lo que se maneja, a nivel de investigación, son … ¡píxeles! Como en la fotografía digital, las imágenes biomédicas, ya sean en dos o en tres dimensiones, no son más que un conjunto de píxeles, que hay que aprender a manejar con programas y algoritmos para poder reconstruir e identificar los elementos anatómicos. De hecho, la anatomía digital y la fotografía digital comparten muchos principios, métodos y técnicas. Nada nuevo, en realidad: anteriormente, cuando los métodos eran analógicos, había una relación parecida, porque las coloraciones que se llevaban a cabo estudiando los tejidos (histología) con los microscopios se basaban en reacciones químicas y físicas, tal y como se hacía cuando se revelaban las fotografías con ácidos y soluciones en las cámaras oscuras. De hecho, ha habido un importante neurobiólogo que ha aportado increíblemente en ambos campos, aprendiendo de los dos retos, anatómico y fotográfico: Santiago Ramón y Cajal.

Había nuevos retos y nuevos caminos, pero también había que retomar todo lo que se había dejado a medias cincuenta años atrás. Muchas cosas seguían en los congeladores del saber, pero mientras tanto muchas otras se habían marchitado o, sencillamente, perdido en el olvido de un mundo que entonces era mucho más local que ahora. No eran pocas las informaciones que se quedaban (y se quedan todavía) atrapadas en revistas desconocidas, encriptadas en idiomas dificultosos, sepultadas en bibliotecas de instituciones que ya han pasado a la historia. Había que explorar una selva increíblemente extensa, empezando por la búsqueda y la interpretación de los pocos mapas que quedaban de un siglo anterior.

Los que nos hemos metido en ello a finales de los noventa hemos encontrado una tierra con casas abandonadas, carteles borrados por el tiempo, senderos desaparecidos bajo la vegetación y topografías amarillentas. Pero no era una tierra baldía porque unos cuantos que se habían quedado han sido nuestros guías y asesores, como aquellos abuelos que, aunque a veces confunden historia y leyenda, representan la clave para no tener que empezar todo desde cero. Sí, porque en anatomía, a pesar de ser algo tan físico y en apariencia indiscutible, las certezas en muchos casos no van más allá de un nivel sorprendentemente preliminar. Los términos pueden variar en función de quién y de cuándo, y generar un lenguaje borroso que complica las cosas sobre todo en las fronteras entre las diferentes disciplinas. Las funciones de muchos órganos o tejidos siguen siendo en parte desconocidas o, lo que es peor, se dan por hecho a pesar de una total ausencia de fuentes bibliográficas o de pruebas experimentales, confiando en una transmisión oral perdida en la noche de los tiempos.

Por supuesto, el cerebro es un actor particular de toda esta historia. Es un órgano muy complejo y heterogéneo en su estructura.

Es también un órgano extremadamente variable de individuo a individuo, que carece de fronteras claras entre sus áreas, cuya geografía se conoce solo en parte, y que se etiqueta en función de convenciones destinadas a generar un mínimo de terminología común, más que a localizar los verdaderos componentes de su organización. Es un órgano que no tiene ni siquiera forma propia: su geometría se debe a la presión positiva de la sangre en su interior y a la presión negativa (tensión) de las meninges que lo anclan al cráneo como una tienda de campaña. Tampoco es un órgano muy bien delimitado en el espacio porque, aunque las neuronas son sus estrellas del escenario, no son nada sin la sangre que entra y sale, ni sin las células de soporte y de manutención, ni sin los tejidos conectivos que sirven a todas sus funciones estructurales. Todos ellos elementos de los que, a día de hoy, sabemos poco o nada. Dentro de una cabeza hay vasos sanguíneos que todavía no se sabe si existen más allá de los libros ni si son venas o arterias. Entre los homínidos, por ejemplo, solo nuestra especie *Homo sapiens* tiene una red vascular muy compleja en las meninges, una verdadera jaula de vasos que ciñe el cerebro. Sin embargo, no sabemos bien para qué sirve esta red tan enmarañada, y en la primera operación quirúrgica la quitamos sin más porque estorba el acceso físico a la corteza cerebral.

Nuestro bagaje anatómico, de poca enjundia y poco valorado si lo comparamos con otros campos del saber, sigue revelándose impreciso en nuestros libros y en nuestros conocimientos comunes, que son muy básicos. Como muchas otras disciplinas científicas, también la anatomía se suele asociar a una educación infantil o juvenil, como si a nuestros adultos no les hiciera falta una buena dosis de información (y de formación) en este sentido. Casi nadie sabe cuántos dientes tiene en la boca, a pesar de que son elementos esenciales para nuestra biología, no son reemplazables de forma natural, son bien visibles para cualquiera que tenga un espejo, además de ser muy pocos y de fácil recuento. En los atlas que se utilizan en divulgación o incluso en contextos educativos, las faltas son bastantes frecuentes. Los errores se deben unas veces a una escasa información rellenada con parches, pero otras son realmente tropiezos que denotan cierta falta de profesionalidad. En bastantes ocasiones son el resultado de un eterno copia y pega editorial de los libros, procesos que cruzan varias décadas y varios idiomas, y cuyo contenido va cambiando según una mezcla de azar y de necesidades de empresa. «¿Qué más da?», te suelen responder cuando les haces notar que han posicionado incorrectamente el surco central del cerebro en el surco marginal del cíngulo, o que en un cráneo se confunde una línea temporal (anclaje del músculo temporal) con el hueso temporal. «Son detalles, los críos no se enteran». Bueno, pero por algo se llaman «atlas». ¿Qué pasaría si en un atlas geográfico pusieran la etiqueta «París» sobre Madrid? Se trataría de un despiste de pocos milímetros en el mapa. Y, desde luego, a un chino que vive en Changchun, una ciudad de ocho millones de habitantes entre Mongolia y Rusia, le daría totalmente igual. Pero sería una chapuza y no nos gustaría para nada.

Las técnicas digitales están evidenciando la necesidad de un conocimiento anatómico decente. Hay que andar con cuidado, porque la potencia no es nada sin control y, en una sociedad de la imagen como la nuestra, manejar imágenes tiene sus riesgos y sus tentaciones. La belleza de los modelos digitales a menudo desvía la atención de sus contenidos, y aquellos se venden como caramelos de colores para agradar a la vista y a las revistas, tanto científicas como de divulgación. Son herramientas muy complejas, que a veces pueden despistar si sus resultados se toman demasiado al pie de la letra. Esconden, además, una tecnología asombrosa, de la que todavía no conocemos muchos defectos. Sin embargo, no cabe duda de que, más allá de proporcionar una herramienta increíble para el desarrollo de las ciencias anatómicas, están también resaltando las lagunas que, a lo largo de medio siglo, hemos intentado olvidar.

«Conócete a ti mismo», decían los sabios griegos. Pues si un conocimiento íntimo de tu propia alma es algo más complejo y de difícil alcance, empieza por el cuerpo, que es más sencillo y, desde luego, fundamental. Por cierto... ¿cuántos dientes tienes?

El cerebro de Alicia
y sus piernas de gigante

*Cambiar de tamaño a lo largo de la evolución es cosa fácil,
pero puede ser más complicado lidiar con las consecuencias.
Nuestro cerebro es tres veces más grande de lo esperado
y esto requiere ajustes, y asumir riesgos.*

Julian Huxley[4] fue un biólogo evolucionista, escritor y, por lo visto, el primer director de la UNESCO y cofundador del Fondo Mundial por la Naturaleza. Su hermano Aldous[5] es el conocido escritor, y su abuelo Thomas Henry[6] era nada más y nada menos que aquel famoso «mastín de Darwin» que tanto aportó a la defensa de la teoría de la selección natural en las décadas de su arranque. En 1932, Aldous escribió *Un mundo feliz*, y sir Julian publicó *Problems of Relative Growth* [Problemas de crecimiento relativo], una obra en la que aplicaba a la biología evolutiva una perspectiva de la ingeniería mecánica: ¿qué pasa cuando un cuerpo cambia de tamaño? El tema no era nuevo y ya Leonardo da Vinci había aclarado que, si se quiere construir una máquina con dimensiones

---

4   Londres, 1887-1975.

5   Godalming, 1894-Los Ángeles, 1963.

6   Ealing, 1825-Eastbourne, 1895.

diferentes a las de su diseño original, para mantener sus mismas funciones hay que cambiarle las proporciones. Un ejemplo clásico en biología es el sistema esquelético y sus funciones mecánicas. Cuando un cuerpo aumenta su tamaño, su peso aumenta con su volumen, es decir, al cubo. Pero la sección de sus huesos, que son los que sujetan la estructura, aumenta como una superficie, es decir, al cuadrado. Total, si de repente un ser humano se convirtiese en un gigante de veinte metros, al pobre se le quebrarían los fémures, porque se fracturarían bajo un peso que no pueden soportar. Para diseñar un humano de veinte metros que pueda andar con cierta normalidad, tenemos que cambiar la forma de sus piernas.

Cuando al variar el tamaño la forma de un objeto no cambia, hablamos de *isometría*. Por el contrario, cuando la variación de tamaño conlleva una variación de forma, hablamos de *alometría*. La forma de un organismo puede variar en respuesta a sus cambios de tamaño por lo menos por dos razones. Como en el caso de las piernas del gigante, la forma puede tener que modificarse para mantener la función. O, al revés, el cambio alométrico puede que sea solo una consecuencia pasiva de la arquitectura del organismo, hecho de cables, tensores, volúmenes y superficies que, automáticamente, inducen un cambio de forma cuando varía el tamaño. En este caso, imaginad, por ejemplo, un globo: si soplo sin más, aumenta de tamaño, pero después de haberse hinchado un poco ya no cambia mucho de forma, y se queda más o menos redondo a cualquier tamaño (variación isométrica), pero si le aplico una tirita, cuanto más soplo, más cambia su forma hacia la de una alubia o incluso de un plátano (variación alométrica). En este caso el pequeño globo redondo o el gran plátano alargado, aunque parezcan distintos, son el mismísimo animal, solo que a escala diferente.

Los biólogos evolutivos, y por supuesto los ingenieros, bien saben el increíble poder de las reglas alométricas: pueden ofrecen autovías evolutivas para alcanzar cambios rápidos, pueden revelar nuevos caminos inesperados o pueden estorbar introduciendo vínculos y límites al cambio o a las funciones. Después de Huxley, la otra persona que más aportó a esta perspectiva fue el increíble Stephen Jay Gould,[7] que en 1966 actualizó la cuestión alométrica con un largo artículo de revisión, más tarde transformado en una piedra miliar de la biología evolutiva en el libro *Ontogeny and Phylogeny* (1977). Gould integró el tema de la alometría con los procesos de *crecimiento* (cambio de tamaño) y *desarrollo* (cambio de forma), explicando cómo variaciones en los tiempos o en la velocidad de estos dos procesos pueden jugar con las reglas alométricas, proporcionado una extraordinaria combinación de alternativas para los caminos de la evolución. Entre las decenas de definiciones de alometría, la más hermosa es la suya: el estudio del tamaño, y de sus consecuencias.

Es evidente que los problemas alométricos atañen a cualquier sistema biológico, desde el vascular hasta el respiratorio o el digestivo. Y está claro que representan vínculos y posibilidades cruciales para el cerebro, sobre todo en una especie como la nuestra que tiene una masa cerebral tres veces más grande de lo esperado para su tamaño corporal. La eficiencia del cerebro depende de la relación espacial entre sus áreas y las conexiones que las ponen en comunicación, un problema estrictamente alométrico de cableado y distancias geométricas. También su metabolismo y su regulación térmica son cuestiones alométricas: el volumen produce calor y la superficie lo disipa, con lo cual, como ocurre con las piernas del gigante, al hacerse más grandes, el

---

[7]   Nueva York, 1941-2002.

calor producido es superior al calor disipado y la situación puede ponerse caliente.

Uno de los ejemplos más interesantes es la formación de pliegues de la corteza, un carácter distintivo de nuestros cerebros. Las neuronas están en la superficie de la corteza cerebral, pero sus conexiones se encuentran en su volumen interno y, por tanto, otra vez tenemos un problema de superficie/volumen. Para mantener un equilibrio entre células y conexiones, la superficie tiene necesariamente que aumentar mucho más que su volumen, y hay solo una forma de hacerlo: arrugándose. Existen muchas teorías sobre el papel de las neuronas en este proceso, las cuales podrían actuar como «tensores biomecánicos». Más allá de su función como unidades de información, las neuronas forman fibras que redireccionan las fuerzas de crecimiento, como en un sistema de muelles y poleas o, más sencillamente, como millones de microtiritas en un globo. Los ingenieros mecánicos han desarrollado modelos numéricos y digitales de estas relaciones, y los resultados son fascinantes.[8] Recientemente, se ha publicado un estudio muy interesante, en el que se simula el cerebro fetal con un molde de gel, y cuando este se sumerge en una solución química, su capa externa se hincha imitando el crecimiento cortical.[9] En cuanto el molde se moja, empieza a crecer, la capa externa se amplía e intenta ajustarse al volumen arrugándose. El resultado es asombroso: no solo se

[8]   Algunos artículos científicos: Bayly P. V., Taber L. A., Kroenke C. D., 2014. «Mechanical forces in cerebral cortical folding: a review of measurements and models». *J. Mech Behav Biomed Mat* 29: 568-581; Hilgetag C. C., Barbas H., 2005. «Developmental mechanics of the primate cerebral cortex». *Anat Embryol* 210: 411-417; Hilgetag C. C., Barbas H., 2006. «Role of mechanical factors in the morphology of the primate cerebral cortex». *PLOS Comput Biol* 2: e22; Toro R., Burnod Y., 2005. «A morphogenetic model for the development of cortical convolutions». *Cerebral Cortex* 15: 1900-1913; Van Essen D. C., 1997. «A tension-based theory of morphogenesis and compact wiring in the central nervous system». *Nature* 385: 313-318.
[9]   Tallinen T., Chung J. Y., Rousseau F., Girard N., Lefèvre J., Mahadevan L., 2016. «On the growth and form of cortical convolutions». *Nature Physics* 12: 588-593.

reproduce el mismo grado de complejidad morfológica del cerebro humano, sino que ¡también replica el mismo patrón de surcos y pliegues de nuestra corteza! Es decir, en la forma fetal del cerebro ya tenemos la información geométrica necesaria para desarrollar luego gran parte de la morfología cerebral. El único «programa» es el que regula los tiempos y velocidad de crecimiento y, por supuesto, la composición de las células que, por ende, define sus propiedades mecánicas. Pero con esta información «intrínseca», luego solo hay que soplar en el globo y la organización morfológica surge por ajustes mecánicos.

Es una suerte que Alicia haya tomado sus caramelos y sus mejunjes en el País de las Maravillas, donde la reglas alométricas no funcionan. Si lo hubiese hecho en este nuestro mundo, al aumentar monstruosamente el tamaño de su cuerpo es probable que su cerebro se hubiera arrugado hasta un nivel de ahogo funcional, sufriendo además un colapso térmico y una insuficiencia vascular de la corteza, y generando un ser absurdo, enloquecido y agonizante, que se arrastraría por el suelo gritando por el insoportable dolor de sus piernas quebradas. Y colorín colorado, este cuento se ha acabado.

Cantos de luciérnagas

Emitimos constantemente señales. Para atraer y para rechazar.
Para que se sepa quiénes somos, o quiénes nos gustaría ser.

La comunicación es algo tan fundamental en la ecología de una especie que ha sido un tema central de las ciencias naturales desde sus más profundos orígenes. Cualquier cazador tiene que saber reconocer cantos y olores de sus presas si quiere volver a casa con la cena, así que más importante que saber afilar la lanza es afinar la vista, el olfato y el oído, para poder captar las señales que los miembros de otras especies se intercambian a la hora de relacionarse entre sí. El cazador paleolítico era especialista en comunicación animal, antes de ser hombre de armas. Así que no es de extrañar que, cuando la curiosidad hacia la naturaleza se hizo ciencia, la comunicación ya era un tema que había desatado interés y conocimiento, y los zoólogos se tiraron a la piscina con todo el afán del saber. Lo que encontraron fue un mundo complejo y maravilloso, que todavía hoy en día no deja de sorprendernos. Una piedra angular de este viaje hermoso e infinito fue el Premio Nobel a Konrad Lorenz,[10]

---

[10]   Viena, 1903-Altenberg, 1989.

Karl von Frisch[11] y Niko Tinbergen,[12] en 1973. Oficialmente era un premio para la medicina, pero en realidad celebraba el triunfo de la *etología*, disciplina que es, sin duda alguna, la reina incuestionable de los estudios en comunicación animal.

En general, viene bien distinguir los elementos que sirven para comunicar con individuos de la misma especie (comunicación *intraespecífica*) y los que sirven para comunicar con aquellos de especies diferentes (comunicación *interespecífica*). Aun así, los recursos anatómicos y del comportamiento que se usan para lanzar señales sirven un poco para todo, porque en evolución hay que ahorrar y por eso a menudo los mismos recursos se reutilizan para necesidades diferentes. Sin embargo, a lo mejor otra clasificación de las señales asociadas a la comunicación podría ser la intensidad con la que el mensaje se transmite. Porque, claro, en la comunicación hay un emisor de una señal, una señal y un receptor de esta señal, con lo cual un rasgo fundamental es la posibilidad de que esta sea recibida o, al contrario, pueda pasar desapercibida. Así podemos distinguir señales muy llamativas y ostentosas, y señales más moderadas y sobrias.

Las primeras son las que más llaman la atención y es fácil dar con ellas. A veces se usan colores chillones, gritos molestos u otros elementos teatrales para espantar a un posible enemigo, defender un territorio de potenciales competidores o atraer parejas. En otras ocasiones estos mismos recursos se usan para fingir ser lo que uno no es, como en los muchos casos de *mimetismo* en que una especie que no es peligrosa en absoluto se tiñe de colores agresivos y esperpénticos (*coloración aposemática*) para aparentar serlo. En estos casos, a menudo se simulan los patrones

[11]   Viena, 1886-Múnich, 1982.
[12]   La Haya, 1907-Oxford, 1988.

cromáticos de otras especies que son peligrosas de verdad y que procuran sensibilizar a los depredadores con dolorosas picaduras o penosas náuseas. Los casos quizá más comunes son los muchos dípteros (moscas) y coleópteros que se visten con los colores de los himenópteros (abejas y avispas) para que se les deje en paz.

Desde luego no es oro todo lo que reluce. Las luciérnagas se atraen con señales lumínicas (el nombre de la familia, *Lampyridae*, tiene en su misma etimología la huella del relámpago), que son típicas de cada especie. Ahora bien, en algunos casos, las hembras de una especie simulan el patrón lumínico de otra para atraer a sus machos y zampárselos de un bocado. Cambiando la frecuencia de la señal, alternan con alegría sexo y comida a expensas de estos desafortunados pretendientes que, lanzándose en un arrebato de pasión y fogosidad, traspasan la desdichada frontera entre amor y muerte. El canto de las sirenas nunca falla, y no hace prisioneros.

Todas estas formas de comunicación, como hemos dicho, son vistosas y solemnes, porque tienen precisamente el objetivo de alcanzar a cuantos más individuos sea posible. Pero luego hay señales que, sin embargo, pasan casi inadvertidas. Tienen que pasar desapercibidas porque, por ejemplo, puede no interesar que todo el mundo se entere del mensaje. Es como un diálogo encriptado, silencioso, solo para pocos, para comunicarse sin que se den cuenta los vecinos. Por ejemplo, hay colores que no todos los animales pueden ver, porque están fuera de la gama cromática que perciben sus retinas, y vienen bien para lucir en la sombra, para cautivar sin aparentar. Son colores que pueden ver solo algunos, y apreciar pocos, así que permiten comunicar en una banda sensorial privada y silenciosa para los demás. Un caso evidente de que la belleza está en los ojos del que mira.

Quizá las señales más crípticas de todas son las olfativas. Esas feromonas que viajan por kilómetros sin que nadie se entere. Para poder olerlas hay que tener no solo cierta sensibilidad a cantidades mínimas de moléculas, sino que además hay que estar equipados con los descodificadores apropiados para poder cazarlas y activar así una respuesta perceptiva. Insectos y mamíferos se embriagan de estas poderosas señales olorosas, y su comportamiento cambia de manera drástica solo por respirar este aire cargado de intenciones. Los cuerpos hablan. En muchos casos la señal es tan críptica que ni siquiera el receptor se entera. Es decir, lo detecta su cerebro, pero no se lo cuenta y, de repente y sin saber por qué, el individuo se siente diferente, enamorado o enfadado, ignorando la razón de este cambio emocional. Con el olfato esto pasa con frecuencia (incluso en los humanos), pero en realidad es normal que muchas señales alcancen el cerebro, pero no la consciencia, entrando silenciosamente a través de los sentidos sin que nos percatemos de que haya ocurrido, porque nuestro sistema nervioso pasa de nosotros y actúa sin consultarnos.

Ahora bien, no hace falta decir que, dentro de los mecanismos de comunicación animal, los humanos destacamos bastante por el nivel asombroso de complejidad, pues hemos añadido al repertorio de comunicación dos esferas nuevas e increíblemente potentes como son la cultura en general y el lenguaje en particular. La complejidad de la comunicación suele estar muy correlacionada a la complejidad del sistema social, y aquí estamos nosotros, *Homo sapiens*, con todo un arsenal de herramientas lingüísticas, culturales y sociales que nos hacen destacar, para bien y muchas veces para mal, en la foto de familia de los productos evolutivos. Pero atención, porque estos fantásticos nuevos recursos comunicativos se añaden a los viejos, no los sustituyen. Seguimos siendo primates, seguimos siendo mamíferos gregarios. Seguimos emitiendo señales no verbales y muchos olores. ¿Cuántas veces usamos una prenda colorida y esperpéntica para que se nos vea, para que una pareja se fije en nosotros, para que los amigos nos reconozcan un rango social, o para que la comunidad nos tenga respeto? Adornos, maquillajes y peinados aposemáticos para notificar a bombo y platillo un cierto carácter, a veces real, a veces simulado, de modo que el resto del ecosistema humano sepa quiénes somos, quiénes pensamos ser o a quiénes queremos representar. El escudo de un equipo de fútbol, la bandera de un partido o una marca de zapatos se vuelven señales intraespecíficas para atraer a los pares y alejar a los disímiles, buscando así la protección de una tribu.

Irenäus Eibl-Eibesfeldt[13] siguió las huellas de su maestro, Konrad Lorenz, y aplicó al ser humano los principios de la etología, descubriendo que existen comportamientos universales que no dependen de la cultura y que, por ende, tienen que ser parte de programas profundos escritos en millones de años de evolución biológica y selección natural. Y también en nuestro caso, como para los demás animales, hay señales exageradas y gritonas, orugas venenosas y luciérnagas asesinas, alaridos de alerta y de pasión. Pero se dan, asimismo, formas de comunicación más sutiles, más íntimas, más profundas, de esas que pasan desapercibidas a los demás y exploran el éter llevando consigo sus mensajes silenciosos, destinados a unos pocos. De hecho, las señales más ostentosas sirven dentro de los grandes rebaños, en la convulsión de la manada, cuando hay mucho jaleo y la confusión no permite vivir una identidad suave e independiente, propia y profunda. Banderas, escudos y camisetas funcionan para flotar rústicamente en la multitud,

---

[13] Viena, 1928-Starnberg, 2018.

apaciguando los ánimos en el alboroto de las agresivas y espasmó-dicas dinámicas sociales.[14] Pero luego, a la hora de tener que decir realmente quién eres, lo de aullar en una fiesta o ponerte un zapato bonito no es suficiente. Y es necesario entrar en una esfera de comunicación distinta, ya más selecta y sosegada, que permita transmitir los matices que hacen la diferencia, que permita adentrarse más allá de las señales epidérmicas, y que ponga en contacto solo a los que comparten ciertos tipos de receptores. Atención a la diferencia sustancial. En el caso de las señales vistosas, la señal llega a todos, y luego cada uno decidirá qué hacer con ella. Cierta afinidad será entonces el resultado de una criba posterior a la recepción del mensaje. En el caso de las señales silenciosas, sin embargo, estas llegan solo a quien puede recibirlas y, por ende, el reconocimiento de cierta afinidad será el resultado de una criba anterior a la recepción. Ser capaz de recibir el mensaje es, por sí mismo, índice de afinidad.

Estos mecanismos sutiles de comunicación representan un nivel de individualidad que permite la expresión sincera de lo que somos, y nos permiten interactuar de una forma sana y consciente con nuestro entorno social. Una pena que, en demasiadas ocasiones, nos quedemos con las banderas y los chillidos, y ni siquiera sabemos que existe otro modo, otro nivel más completo y profundo. Tampoco nuestra sociedad se esfuerza mucho para contárnoslo y enseñarnos a desarrollar esta alternativa. Y si este nivel más profundo viene bien a cualquiera, sus mecanismos son todavía mucho más necesarios a quienes, en lugar de vivir en el centro de la nube social, se mueven en su periferia como satélites, a través de una forma diferente de sentir o de razonar. No somos todos iguales, sobre todo a nivel mental y cognitivo, y la capacidad de

[14]   Os invito a leer mi artículo «Balada para una horda», disponible *online* en *Jot Down*.

integración depende de lo diferentes que seamos de esa multitud que, para bien o para mal, dicta las reglas y las pautas de la vida comunitaria. Quien se mueve al margen de la muchedumbre sufre una distancia de los esquemas compartidos, que muchas veces genera incomunicabilidad porque los códigos son demasiado diferentes, y en ocasiones hasta incompatibles.[15] Además, un satélite tiene a su alrededor una población de símiles más reducida e, incluso, los que muestran cierta similitud entre ellos siguen siendo bastante diferentes. Así que, cuanto más pronunciada es la distancia cognitiva, cultural y social desde la multitud, más importantes son las señales finas para poder llegar a posibles interlocutores. En el espacio enrarecido y disperso del desigual, las banderas y los rugidos no sirven, porque solo pueden llevar consigo un mensaje pobre y de muy corto alcance. Sin embargo, hay ondas imperceptibles que pueden cruzar distancias extraordinarias. Gestos, miradas, frases y silencios que, sin dejarse notar, recorren espacio y tiempo, buscando a los que sean capaces de recibirlos. Y que, como feromonas mentales, pueden llegar muy lejos.

---

[15]   También disponible en *Jot Down*, os recomiendo el artículo «Otramente».

Alientos de evolución

El bipedismo ha sido un hito en la evolución de los homínidos.
Pero antes de levantarse erguidos para luego ir a toda mecha es mejor
tomarse un tiempo para reflexionar: sentarse y, sobre todo, respirar.

La forma de locomoción es una característica fundamental de los animales, ya que está íntimamente vinculada a todos los aspectos de su ecología, incluyendo el uso del hábitat, la alimentación o las relaciones sociales. De hecho, la locomoción forja y vincula de manera profunda la biología de las especies, a nivel tanto anatómico como metabólico. Cuadrúpedos, trepadores, suspensores o saltadores tienen diferencias patentes en la arquitectura del cuerpo, así como en sus necesidades energéticas o en la organización de sus sentidos. Los huesos proporcionan evidencias tangibles sobre todo este conjunto de adaptaciones evolutivas y elementos mecánicos, lo cual nos permite desarrollar hipótesis bastante sensatas sobre la forma de vida de las especies extintas a través de los pocos fósiles que encontramos desperdigados en el registro paleontológico.

Los primates presentan una asombrosa variabilidad en sus tipos de locomoción, que se asocia a una correspondiente variabilidad en los nichos ecológicos que han logrado ocupar, por lo menos si los comparamos con otros mamíferos. Y, en este sentido, está claro que el bipedismo ha representado un antes y un después para la historia natural del género humano. Tal vez nos hayamos erguido para colonizar una sabana pobre de árboles, o para mirar desde lejos a los depredadores, o para limitar el impacto con el calor de aquellas latitudes, o para liberar las manos y dedicarlas a teclear ordenadores. Todo puede ser y es posible que nunca sepamos por qué en un cierto punto de esta historia un antepasado nuestro lograra alcanzar un buen éxito reproductivo poniéndose de pie. A veces los cambios evolutivos responden a necesidades específicas, a veces a necesidades múltiples, y a veces solo son consecuencias secundarias de factores ajenos, incluso del azar. Pero si el porqué no queda tan claro, por lo menos podemos investigar cómo pasó, comparando lo que ha sucedido con los otros primates actuales o con los primates extintos.

A pesar de la cansina y anacrónica iconografía de un homínido que se va enderezando por el camino a partir de una condición cuadrúpeda, tenemos que decir que la cosa ha sido quizá algo más compleja, y todavía no queda tan clara. Cambiar la estructura de un animal *pronógrado* (con una postura horizontal en relación al suelo y a la gravedad) a un animal *ortógrado* (con una postura vertical en relación al suelo y a la gravedad) es, técnica y genéticamente, un problemón. Tienen que cambiar todos los huesos, los músculos, los órganos e incluso los sentidos (la orientación de los ojos, el equilibrio, etc.), y esto no solamente requiere que cambien muchas cosas, sino sobre todo que cambien de manera concertada, lo cual es, por lo menos, altamente improbable que ocurra. Sin embargo, muchos grandes simios del Mioceno (el periodo anterior a la radiación evolutiva de los homínidos) eran ortógrados suspensorios que, como los orangutanes actuales, tenían potentes brazos y largos dedos para colgarse de la vegetación. Generar un bípedo de un suspensorio es bastante más fácil, porque el cuerpo ya tiene una estructura y una organización vertical: es suficiente soltar los brazos y potenciar las piernas. No es una casualidad que los mejores bípedos entre los primates no humanos sean los gibones, es decir, los primos carnales de los grandes simios que se han especializado en braquiación, que es la forma más extrema de suspensión. De aquí viene la seria posibilidad de que los primeros homínidos, como los australopitecos, hayan sido suspensorios un poco más avezados en la bipedestación, con todas las consecuencias anatómicas del caso (dedos algo más cortos, piernas un poco más rectas, etc.). Entre las especies actuales, los orangutanes se han quedado suspensorios, como sus bisabuelos del Mioceno los humanos se han especializado en la locomoción bípeda, y los gorilas y los chimpancés se han inventado una locomoción nueva y toda suya, andando de forma cuadrúpeda, pero apoyados en los nudillos de unos brazos vigorosos, lo cual inclina el eje anatómico del cuerpo entre una posición horizontal y una vertical (*clinógrados*).

Todo esto tiene mucho sentido, aunque siempre hay que recordar las dos limitaciones principales de la antropología evolutiva. Primero, que los simios actuales somos pocas especies, y esto limita mucho un análisis amplio y heterogéneo de los posibles patrones que se esconden detrás de la variabilidad zoológica. Segundo, que los simios fósiles que conocemos son pocos, fragmentados, incompletos y desperdigados a lo largo de tres continentes y diez millones de años, y esto nos impide testar estadísticamente hipótesis muy específicas sobre lo que ha pasado. Opiniones personales todas las que queramos, pero hipótesis que se puedan averiguar, pocas o acaso ninguna.

De hecho, de vez en cuando un hallazgo genera nuevas ideas, que se van amontonando a lo largo de la historia de la antropología y añaden variabilidad al abanico de las propuestas. En lugar de estabilizarse, las teorías zigzaguean y reculan, dejando el debate sobre la evolución del bipedismo todavía bastante inestable, a pesar de su longevidad científica. Por ejemplo, llama la atención que nuestras manos, cortas y prensiles, no están tan especializadas si las comparamos con cuadrúpedos terrestres como los macacos o los babuinos, así que cabe incluso la posibilidad de que los humanos tengamos manos primitivas, y que hayan sido los gorilas, los orangutanes y los chimpancés quienes han generado una mano más evolucionada y novedosa, que es más alargada si la comparamos con la nuestra. En este caso, mira tú por donde, retornaríamos a la iconografía, pesada y cansina, de un homínido irguiéndose a partir de un cuadrúpedo.

Pues como hemos dicho, cambiar la forma de vida no es solo cuestión de biomecánica, porque involucra cambios en todos los sistemas de equilibrio, fisiológicos y espaciales. Cambia el rendimiento metabólico, las cargas musculares, la distribución del peso de las vísceras y las dinámicas que marcan el flujo de la sangre en los tejidos. La fuerza de gravedad influye íntimamente en todos los aspectos de nuestra biología, sobre todo de los que vivimos aplastados en el fondo de un océano de aire. Interesante, por ejemplo, el hecho de que los australopitecos parece que tenían el oído interno, órgano del equilibrio, más parecido a los grandes simios que a los humanos, y esto sugiere un mundo donde la bipedestación era una posibilidad para estas especies, pero no la única disponible y tal vez no la más utilizada.

Entre las funciones que se tienen que haber visto afectadas por la locomoción bípeda no se suele mencionar una que, sin embargo, es central para cualquier ser vivo de este planeta: la respiración. Cada forma de locomoción tiene diferentes requisitos energéticos, porque algunas son más baratas y otras son mucho más exigentes, algunas requieren un consumo lento y otras un consumo más rápido, algunas calientan mucho los tejidos y otras, sin embargo, permiten una mejor dispersión del calor generado por la actividad muscular. Nuestro motor funciona con oxígeno, así que no es de extrañar que, si cambiamos el método de locomoción, los pulmones, los vasos sanguíneos y los ciclos bioquímicos que queman el combustible tendrán que proporcionar una logística adecuada a la nueva situación. Pero sobre todo hay un factor que es todavía más directo y esencial: muchos músculos de la locomoción tienen también un papel fundamental en la respiración. No sabemos si una función ha reclutado los músculos de la otra, o si sencillamente las dos funciones, la locomotora y la respiratoria, desde siempre han compartido sus elementos mecánicos. Pero es cierto que comparten muchos componentes de su organización funcional. Quizá sea obvio que, si una función proporciona energía y la otra la gasta, tienen entonces que coordinarse, y la mejor forma es compartir estructuras para que los dos procesos se acompasen y se integren. Es algo parecido a estos relojes de pulsera que usan el movimiento del brazo durante una caminata para recargarse y seguir funcionando. Estos relojes automáticos tienen un rotor que se activa gracias al movimiento de la muñeca, y este rotor da cuerda al muelle del reloj mediante un engranaje, cargándolo a expensas de la energía cinética de quien lo lleva. Todo ello requiere un delicado equilibrio entre las partes estructurales, que tienen que coordinar a la vez la función mecánica (el movimiento) con la función energética (la recarga) para mantener el ciclo en equilibrio con su parámetro fundamental (el tiempo). Como en los relojes automáticos, los músculos intercostales, el dorsal ancho, el cuadrado lumbar, los serratos, los elevadores de las costillas o los escalenos, entre otros, están todos involucrados en mantener nuestra columna erguida y en coordinar muchos detalles de las secuencias locomotoras y posturales, y al mismo tiempo ajustan el grado y el ritmo de nuestra respiración torácica. Y luego, por supuesto, el diafragma, príncipe de nuestra respiración abdominal, que con la postura ortógrada se ha visto en una nueva orientación que lo enfrenta directamente a la gravedad, y que le requiere, a cada respiración, tener que empujar contra toda la mochila visceral que tiene por debajo. Sea como fuere, pasar de una posición pronógrada a una ortógrada tiene que haber requerido, sin más, unos cuantos cambios en la función respiratoria, donde músculos, huesos, tendones y vasos se han sentado a la mesa de negociación para concertar soluciones que cumplan con las exigencias de todos. Y, luego, soltar los brazos y apoyarse en poderosas piernas aptas para largos y basculantes recorridos tiene que haber también requerido otro importante ajuste de rotores y engranajes, para diseñar estructuras que pudieran enlazar, con nuevas reglas, movimiento y energía.

Compartiendo elementos arquitectónicos y funcionales, la respiración y la locomoción tienen que evolucionar juntos. Tienen que compartir posibilidades y limitaciones, y cada cambio en la necesidad de una tiene que ser aprobado por los requisitos de la otra. Por ende, postura y movimiento pueden optimizar el uso de los recursos energéticos (respiración y metabolismo) o, si están mal gestionados, dificultarlo. Asimismo, la respiración puede potenciar la organización arquitectónica del cuerpo (postura y movimiento) o, si está mal gestionada, entorpecerla. Es decir, sabiendo que postura y locomoción tienen un lazo directo con respiración y energía, tenemos que sospechar que habrá un cierto equilibrio entre unas y otras, equilibrio que será mejor aprender a respetar si queremos optimizar nuestros recursos. Al revés, una mala gestión del balance entre movimiento y respiración puede acarrear ineficiencias y conflictos corporales, bien sea a raíz de una carencia adaptativa (en el caso de la evolución de las especies), o bien de una carencia cultural (en el caso de las costumbres, grupales e individuales, de nuestras sociedades humanas). Mejor sería aprender a acompasar las dos funciones, aprovechando los dos millones de años de fina relojería evolutiva que llevamos programados en nuestros circuitos filogenéticos. Nada nuevo para disciplinas como el yoga o la meditación, que llevan mucho tiempo enseñando a armonizar cuerpo y respiración, para explorar nuestros límites y nuestras potencialidades, y para lograr un equilibrio fisiológico necesario para desarrollar un consecuente equilibrio cognitivo. En estas disciplinas la respiración es, según las palabras de Ramiro Calle, una compañera inseparable, y sobre todo una fiel aliada para entrenar la atención y la concentración, para tranquilizarse y encontrar sosiego, para anclarse al ritmo del cuerpo y conocerse a sí mismo, para equilibrar las tensiones biomecánicas de músculos y huesos, para nivelar y distribuir el flujo sanguíneo y, por supuesto, para conectarse con el momento presente. La respiración, con su doble flujo de entrada y de salida, es como una puerta hacia dentro y hacia fuera, una ventana para ojear en ambas direcciones. Al final, como siempre, se trata de encontrar una armonía entre espacio (el cuerpo), tiempo (el movimiento) y energía (la respiración), bien sea en un nicho ecológico o en nuestra propia vida cotidiana. Energía, masa y velocidad son los ingredientes de una mente que está sana porque cuenta con un cuerpo que también está sano, elementos de un sistema homeostático supuestamente adaptado a un medioambiente lleno de fluctuaciones y de imprevistos, siempre asediado entre las losas del pasado y las incertidumbres del futuro. El lugar entre lo que ya ha ocurrido y lo que todavía no ha empezado se llama «presente» y la incapacidad de vivirlo se llama «extinción».

Cerebros sin fronteras

Las neuronas, un conjunto de cables que llevan a otros cables,
juntándose a más cables y separándose en grupos
de cables que acaban en más cables aún...

Nuestro afán de localizar funciones en la máquina del cuerpo se debe en parte a la revolución tecnológica e industrial, que nos desveló la posibilidad de generar procesos y movimientos a través de artilugios y mecanismos diseñados a medida. Desde el monstruo de Frankenstein hasta los androides de la ciencia ficción, siempre hemos dado por hecho que un montaje de piezas sueltas puede generar algo parecido a la vida, si es que cada pieza cumple dignamente con su función. Después de la Revolución Industrial han llegado la revolución electrónica y luego la revolución informática, y hemos aprendido a amontonar microscópicas piezas de plásticos y metales para generar capacidad de cálculo o almacenes de memorias. A cada pieza, una función, y todas juntas generan un sistema que hace cosas, reproduciendo o simulando las acciones de un ser vivo (andar, agarrar, mirar, contestar, analizar...). Queda claro que todas las partes de un autómata son importantes, pero para una criatura que se ha autoetiquetado como ser sapiente e intenta crear a su imagen y semejanza, el cerebro es la pieza clave, el reto final, la gran pregunta que esconde la gran respuesta. Siempre se ha interpretado como el ordenador que calcula, decide y manda, y no en vano se merece el podio geográfico de la cabeza, el punto más alto del individuo, cumbre física del cuerpo. Los bípedos, al erguirnos, hemos puesto el cerebro en su lugar, ahí arriba, como ápice y corona del individuo, nido elevado de sus rasgos más personales. El monstruo de Frankenstein, triunfo médico y biológico en lo que atañe a la generación de la vida, falla precisamente en esta única pieza e, incluso, el Golem judío, aunque no tiene órganos localizados porque está hecho de barro, puede ser activado o detenido solamente alterando el programa encriptado, mira tú por dónde, en su frente.

No sabemos si nuestro cerebro es como un ordenador o si, por el contrario, estamos diseñando los ordenadores siguiendo el mismo esquema de nuestros cerebros, pero la comparación ahí está siempre, firme y dada por sentada, sin demora y sin debate. El cerebro es nuestra computadora, es algo que se da por hecho, algo asumido como cultura general y sin duda alguna. En realidad, a estas alturas hay muchas evidencias que sugieren que el cerebro es un elemento fundamental de nuestras capacidades cognitivas, pero no el único componente. El cuerpo mismo se encarga de bastantes aspectos asociados a la cognición, y otras tantas cosas se delegan a unidades externas, la tecnología, que extiende fuera del cuerpo nuestros elementos de cálculo, de memoria, de análisis, de movimiento o sensoriales. Aun así, la analogía con el ordenador sigue en pie, porque estos elementos extracerebrales son piezas que de todas formas se enlazan con el procesador central a través de «puertos», como los ojos o las manos, las principales interfaces entre sistema interno y sistema externo.

En fin, sea como sea, el cerebro como ordenador, así es como lo vemos. Y en los siglos pasados los exploradores de la anatomía se pusieron en marcha, sondeando, examinando, etiquetando sus surcos y sus valles, sus regiones y sus funciones, para entender el diseño de la máquina cerebral y, sobre todo, para intentar localizar sus distintas piezas elementales, siendo este el requisito necesario para cualquier tipo de estudio biológico. La corteza cerebral se dividió convencionalmente en «lóbulos», regiones generales definidas por su posición en el cráneo y la correspondencia con sus huesos (lóbulo frontal, parietal, occipital, temporal). Es una nomenclatura útil pero engañosa, porque estos lóbulos no son verdaderas unidades funcionales o evolutivas o de desarrollo. Solo son regiones convencionales para localizar lo que está adelante y lo que está atrás, sin verdaderas fronteras y sin una identidad anatómica real (véase la figura 2). Pero sabemos que los humanos pensamos por cuadrículas y, en cuanto nos han dado una clasificación por lóbulos, hemos empezado a pensar y diseñar la neurociencia por lóbulos, aunque fuesen distritos anatómicos del todo convencionales, heterogéneos, y formados por elementos implicados en cosas distintas y en contextos diferentes.

También se intentó situar unidades y funciones más localizadas, como por ejemplo a nivel de surcos y giros de la corteza cerebral. La frenología de hace un siglo postulaba que la forma del cerebro y de la cabeza podían delatar capacidades y limitaciones de las personas, en función de las regiones que tenías más o menos desarrolladas. Matemática, ética o música, todo tenía que tener su pliegue, información suficiente para saber si ostentabas o carecías de una habilidad u otra. Pero no se llegó a mucho, porque los patrones de surcos y giros son muy variables de un individuo a otro, sus correspondencias e implicaciones con ciertas funciones o capacidades no son muy precisas y, además, hay tantos factores implicados que la anatomía al final es lo de menos. Dicho

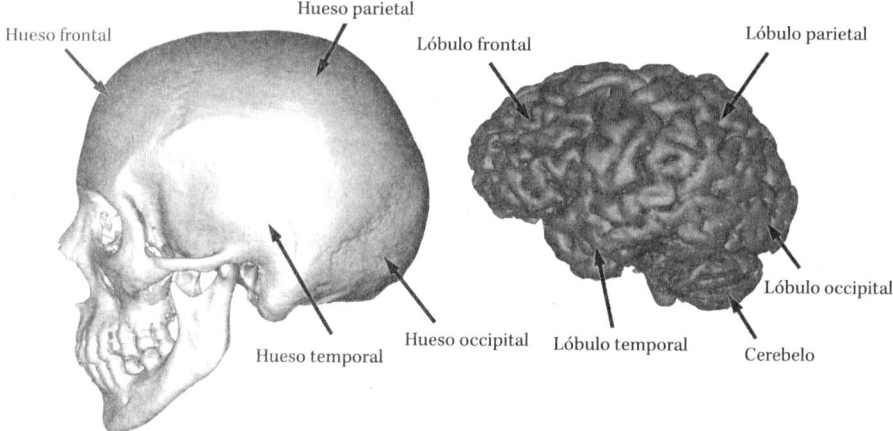

Figura 2. El neurocráneo está formado por huesos que protegen el cerebro. A la hora de establecer etiquetas para las regiones cerebrales, se utilizaron los mismos nombres de los huesos del cráneo, lo cual generó bastante confusión. Primero, porque la localización espacial entre huesos y lóbulos es aproximada, y no es fija. Por ejemplo, el hueso parietal cubre no solamente el lóbulo parietal, sino también una parte variable de los lóbulos frontales, occipitales y temporales. Es decir, no hay una correspondencia clara y constante entre la posición de los huesos del cráneo y la de sus homónimos lóbulos cerebrales. Pero, sobre todo, los huesos del cráneo son elementos anatómicos separados y reales, mientras que los lóbulos cerebrales son regiones convencionales, sin fronteras y sin una homogeneidad anatómica o funcional.

sea de paso, todavía hoy en día no conocemos bien los patrones de surcos y giros de nuestro propio cerebro y no sabemos bien cómo se forman y con qué mecanismos, con lo cual tampoco se puede especular mucho sobre rasgos de los que no tenemos apenas información (otro ejemplo de investigación de base, crucial y barata, que no se desarrolla por no ser tan *sexy* y por no menear una gran cantidad de dinero).

Luego se amplió la lupa, y se vio que había pequeñas «áreas» del cerebro que presentaban cierta homogeneidad a nivel de células y de tejidos, y entonces se empezó a mapear la posición y extensión de estas áreas, elaborándose una cartografía cerebral que iba añadiendo siempre más piezas al puzle, cada vez más pequeñas. Aun así, la cosa no iba a ser tan sencilla. La correspondencia anatómica y evolutiva de estas áreas entre especies diferentes no siempre queda tan clara, ni siquiera entre nosotros y nuestros primos carnales, los grandes simios. Las áreas, definidas según ciertos caracteres biológicos, no siempre presentan fronteras objetivas, y además cada vez que uno hurga en un área descubre que está formada por otras más pequeñas. Por otra parte, la definición de una de estas depende de lo que se está mapeando, y en función de los criterios (tipo de células, organización de las capas de neuronas, su bioquímica o sus conexiones) cambia el mapa y la definición de sus elementos. Y esta inconsistencia no ayuda, porque si razonamos por áreas en la anatomía del cerebro, acabamos razonando por áreas no solo a nivel de funciones cerebrales, sino también de evolución. Por ejemplo, nos preguntamos si cierta área cerebral que tenemos nosotros la tienen también otros primates o si, en cambio, se trata de un área que ha evolucionado solo en los humanos, o bien si la tienen también los otros primates, aunque tal vez en nuestra especie haya cambiado de función o de posición. La cartografía cerebral ha sondeado todas estas posibilidades, proporcionando informaciones cruciales, pero todavía sigue empapada de incertidumbres y especulaciones. Hoy en día seguimos razonando por «áreas», pero hay que decir que muchas veces este principio no encaja bien con las evidencias que luego te encuentras en los patrones de variación anatómica.

Al mismo tiempo aumentan las indicaciones que sugieren que el número de neuronas es la variable esencial para muchas funciones cerebrales: cuantos más elementos de computación, más capacidad para una u otra funciones. Esto no quiere decir que el número de neuronas sea lo único que cuenta, pero sí que es un factor fundamental. Y sencillo. Tampoco entendemos bien lo que comporta esta información. Un caso extremo es el cerebelo, que con su diminuto tamaño contiene cuatro veces más neuronas que el cerebro, y todavía no sabemos bien para qué sirve, por más que sea fundamental en funciones que incluyen el movimiento o las emociones.

Hay quien se pregunta si esto de dividir el cerebro en elementos discretos tiene realmente una utilidad, o si solo nos está confundiendo las ideas. Ya sabemos que el cerebro funciona como un sistema único, los lóbulos están todos conectados, y las áreas están todas interrelacionadas, no sirven para nada de forma aislada. Nuestras funciones cerebrales se desarrollan contando con redes de áreas y de conexiones, y lo que funciona es todo el sistema, no sus componentes individuales. Pero, además de esto, unos cuantos proponen que quizá no existen áreas definidas, sino una continuidad de cables que se enlazan a partir de unos pocos centros básicos, generalmente asociados a los sentidos o a las capacidades motoras. Las regiones sensoriales y motoras se lanzan fibras que se cruzan, según «gradientes» que dependen del grado de interconexión entre regiones. Gradientes genéticos y bioquímicos que generan a su vez gradientes celulares y funcionales. Gradientes distintos que se cruzan, generando en cada punto de la corteza propiedades distintas. El resultado final es un puzle de combinaciones, que nos parece hecho de «piezas» (las áreas cerebrales), aunque en realidad sea un tejido gradual y sin fronteras. Entonces, si fuese así, esto de las «áreas corticales» nos ha venido bien para hacernos una idea, pero ya sería hora de dejarlo a un lado, para que no nos confunda en lugar de ayudarnos. La complejidad de las funciones cerebrales en ese caso no dependería de áreas específicas, sino del grado y del patrón en que las regiones sensoriales (visión, tacto, oído, cuerpo) se mezclan y se enlazan. Claro está que en esta situación ya no tendría sentido hablar de nuevas áreas cerebrales en evolución, sino solo de nuevos patrones de integración entre las capacidades motoras y sensoriales de nuestro cuerpo. Un cuerpo que, como vamos sospechando desde hace tiempo, adquiere importancia en nuestros procesos cognitivos.

Ahora bien, si la clave está en este fractal de cables que se cruzan a diferentes niveles, tampoco hay que pensar que sea importante la materia de que están hechas estas conexiones. Ni su ubicación. Si lo que cuenta es el sistema de nudos y enlaces que genera y regula el flujo de información entre sensación y reacción, da igual que el cable sea una neurona, un hilo eléctrico o un algoritmo. Da igual que el cable esté en el cuerpo o en un ordenador, que comunique señales con la bioquímica o a través de un campo electromagnético. Si lo que cuenta es el proceso, aunque el cerebro sea un elemento fundamental de nuestras capacidades cognitivas, no es el único elemento involucrado. Y una vez más tenemos que considerar que la mente, con toda probabilidad, no acaba en las fronteras de un cráneo.

Una reforma integral

Nuestra exigencia de creer en una evolución lineal y progresiva siempre nos ha presentado un cerebro que ha ido añadiendo poco a poco valiosas piezas y nuevos componentes. Pero esto significaría amontonar parches, y muchas veces es mejor o, incluso, necesario volver a los cimientos, si queremos innovar radicalmente sin que el viejo cobijo se nos derrumbe encima.

Probablemente, para dar o buscar un sentido a nuestra vida, queremos pensar que somos el resultado de un gran proceso, ya sea divino o natural.[16] En el caso de la religión, bueno, el principio viene por defecto, siendo parte de su misma estructura. Sin embargo, en el caso de las ciencias naturales, la actitud choca un poco, porque suponemos que el ser humano solo es una parte de esta compleja historia, y no su trágico final. Pero, a lo largo de mucho tiempo, hemos visto la evolución como un proceso lineal, gradual y progresivo que, de forma curiosamente análoga a muchas doctrinas religiosas, culmina con nuestra especie. No ha sido suficiente que, ya desde la mitad del siglo pasado, paleontólogos, antropólogos, genetistas y ecólogos hayan explicado con toda

---

[16] Véase sobre este punto el artículo «Los hijos de Gaia, el simio de Dios, y el culto de la ciencia», disponible en *Jot Down*.

clase de detalles por qué esta visión lineal es en extremo improbable, tanto en su lógica como en el respaldo de las evidencias científicas. La prensa y la divulgación han seguido agarrándose al viejo mito del camino de la evolución, la «marcha del progreso», como se bautizó hace casi un siglo, utilizando una iconografía llena de prejuicios, de eslabones perdidos, de falsos mitos y de esperanzas difíciles de abandonar. A pesar de ser una perspectiva científicamente desacreditada y del todo deslucida desde hace décadas, ahí sigue, a día de hoy, en periódicos y museos de todo el mundo, con su cansina efigie de un mono encorvado que poco a poco gana la rectitud de su espalda y de su destino. Funciona bien, en particular para el *marketing*, porque vende una versión simple y además anhelada, lo cual transforma un difícil proceso de conocimiento en un fácil, y sobre todo rentable, paseo hacia el entretenimiento.

No es de extrañar que nuestro órgano más vanidoso, el cerebro, no haya podido escapar a estas tentaciones novelísticas que se incrustan en la estructura profunda de la antropología evolutiva y de su divulgación. Lo más habitual, por ejemplo, ha sido mezclar cerebros de linajes independientes (muchas especies de homínidos han tenido un proceso de encefalización, quizá por razones distintas y con mecanismos distintos) y ponerlos todos en una única fila, dando la idea de una progresión. Progresión que, con toda probabilidad, nunca existió. La evolución del cerebro, como la evolución en general, sigue muchas líneas paralelas, a veces es gradual y a veces es repentina (como cuando toca los genes de la regulación del desarrollo) y, sobre todo, no sigue un camino preestablecido, sino las exigencias de la ecología y del ambiente, que, en general, zigzaguean sin rumbo a lo largo de millones de años.

La idea de una progresión cerebral única involucra el tamaño del cerebro, pero también sus componentes, y se da por hecho que este cerebro se ha ido ampliando en dimensiones y en piezas, añadiendo así complejidad paso a paso. Por ejemplo, se sigue leyendo que tenemos una parte de cerebro «reptiliano» (la serpiente, raíz del pecado original) tapiada por una capa de cerebro mamífero (nuestras emociones perrunas y simiescas), y una cumbre de corteza sapiente (que en los homínidos extintos es proporcional al grado de cercanía con nuestra especie). Aunque nuestra necesidad finalista sigue pidiendo esta versión artificiosa de la evolución cerebral, a estas alturas no sabemos adónde agarrarnos para seguir fingiendo no saber que la ciencia sugiere una alternativa totalmente diferente.

Primero se empezó a dudar de qué piezas distintas de la corteza se podrían alterar sin cambiar todas las otras con las que colaboran de modo constante para cada una de sus funciones. Desde luego algunas áreas del cerebro son cruciales para una función precisa (como lenguaje, cálculo, memoria), pero que sean cruciales no quiere decir que sean independientes o autónomas. El cerebro funciona como un sistema único e integrado, y, si alteramos una pieza, debemos equilibrar todo el resto. Es decir, es improbable que un cambio cerebral o cognitivo afecte un área específica de forma aislada.

Luego se llegó incluso a dudar de que existieran estas «áreas», porque cabe la posibilidad de que tal vez no haya zonas delimitadas por fronteras o genes o funciones, sino un entramado de gradientes entre las regiones sensoriales que, al solaparse, generan un puzle aparentemente formado por unidades, pero que en realidad es el resultado de una mezcla de proporciones. Es como cruzar los trazos de dos colores: en el punto donde se solapan emerge otro color, que parece un elemento distinto, aunque no es más que la combinación de las dos pinceladas.

Después se empezó a pensar que, a lo mejor, más que las regiones de la corteza cerebral, quizá lo más importante eran sus conexiones, es decir, el cableado. De hecho, incluso el más potente ordenador no sirve de nada sin sus enlaces, eléctricos o inalámbricos, y un corte muy localizado puede hundir el procesador más complejo. La perspectiva de un cerebro que funciona como una red aclara una vez más que, aunque muchas de sus áreas pueden ser cruciales para desempeñar una cierta función, no es cierto que esa función se localice en aquel punto. De hecho, si cortamos un cable, se lesiona o se apaga una cierta capacidad cognitiva, pero esto no quiere decir que aquella capacidad se hallara en aquel punto del hilo. En las últimas décadas, es posible que los estudios sobre las conexiones sobrepasen a los estudios sobre las supuestas áreas que unen; el cerebro se analiza como un sistema hecho de nodos y enlaces. Estos modelos sirven para entender cómo funciona un cerebro, pero también cómo se estropea, y, de hecho, se ha observado que muchas patologías se asocian a defectos en el cableado, más que a los supuestos procesadores corticales.

Finalmente, cayó también el mito del cerebro atávico: muchos estudios empezaron a sugerir que las regiones subcorticales, las que son supuestamente arcaicas y que son cruciales para las emociones, han sufrido cambios importantes en nuestra especie. De hecho, parece que evolucionan de forma integrada con las regiones de la corteza cerebral. Los humanos tenemos muchas áreas emocionales más desarrolladas que otros primates, y no más reducidas. Y uno de los recientes macroanálisis de genes y células del cerebro de humanos y chimpancés ha revelado que muchas de las diferencias que existen entre las dos especies están en el cuerpo estriado, un elemento subcortical involucrado en bastantes funciones en apariencia básicas, incluso en unas cuantas que integran cuerpo y emociones. Los (muchos) autores del estudio confesaron no saber interpretar este resultado, del todo inesperado en una cultura donde damos por hecho que es nuestra hinchada corteza racional y calculadora la que corta el bacalao.

Además, ahora se sospecha también que el cerebelo, interpretado a lo largo de mucho tiempo como un sencillo programador de funciones motoras, podría incluso llegar a coordinar las funciones de su hermano mayor, el cerebro. Y, de hecho, también en este caso lo que ha evolucionado mucho parecen ser sus recíprocas conexiones.

Ahora bien, aunque se agradece toda esta evidencia neurobiológica, cabe decir que habría bastado un poco de lógica para quedarse al menos con la duda de que un complejo órgano como el cerebro no podría haber evolucionado por parches añadidos por el camino. Incluso en un coche, es impensable cambiar de modo drástico el motor sin equilibrar todo el resto, desde las ruedas hasta los frenos, los amortiguadores o el parabrisas. O, si preferimos la analogía con un ordenador, está claro que montar un procesador más complejo sin actualizar los demás componentes llevaría a un desastre seguro, con un cableado que no da de sí, memorias que se atascan y componentes que se sobrecalientan.

Una primera y evidente lección de todo esto incumbe naturalmente a nuestra percepción de la evolución. Si queremos entretener, podemos seguir con el cuento de la marcha del progreso, pero si queremos que el conocimiento avance, será mejor dejar de lado perspectivas lineales y graduales que ven el cerebro como un amontonamiento progresivo de elementos nuevos que se añaden a la orquesta.

Una segunda consideración, a bote pronto menos aparente, atañe a la distinción entre razón y emociones, donde la primera supuestamente se sienta a la mesa del ser humano, y las segundas en la selva de los monos. Está visto que no es así, ni a nivel cognitivo ni a nivel anatómico, y puede que aquella clásica separación (a menudo conflictiva) entre cerebro y corazón no sea tan tajante como siempre nos hubiera gustado pensar. Se echan las culpas a la cara el uno al otro, pero ahora sabemos que están compinchados, y en el fondo es probable que se quieran mucho.

Todo esto sin considerar que algunos incluso proponen que además el cerebro podría ser un elemento central del proceso cognitivo, pero no el único. Central no quiere decir independiente, o autónomo. En este caso, habría que considerar elementos externos y periféricos que se han añadido como ampliaciones de la red nerviosa, extendiendo capacidades y funciones mucho más allá de las restricciones de nuestro potente pero limitado encéfalo: la tecnología.

A lo largo de su compleja evolución, el cerebro se ha ido reformando continuamente con cambios integrales, que involucraban todo su sistema e, incluso, sus apéndices corporales y tecnológicos. De igual modo, también la ciencia y la divulgación científica deberían de hacer lo mismo de vez en cuando, y reformar sus principios y certezas. Nuestras cuadrículas, nuestras convenciones y nuestras etiquetas son herramientas conceptuales muy útiles y necesarias para desglosar un problema y organizar un plan con el que orientarse en sus entrañas. Pero, claro, llega un momento en el que ya no dan de sí, y se convierten en un lastre que puede ralentizar o desviar el camino del conocimiento. Sin precipitarse, cuando las evidencias son claras, hay que soltar los viejos clichés, aunque sea más cómodo y fácil seguir tirando de ellos. Células y moléculas nos han desvelado cosas increíbles sobre nuestra historia natural, pero solo dan respuestas a las preguntas referentes a su proprio ser: saber cómo funciona una neurona nos dice cómo funciona esta, no cómo funciona un cerebro, y menos aún, cómo funciona una mente. Información necesaria, pero no suficiente. Al fin y al cabo, como decía Punset,[17] ninguna de tus neuronas sabe quién eres, ni le importa. En el momento en el que entendemos que nuestras etiquetas ya no son adecuadas para ordenar nuestro conocimiento, hay que estar preparados para recular y emprender nuevos caminos. Lo cual sugiere tener más cautela a la hora de deducir lo que ha pasado, y, desde luego, que se dispone de pocas certezas a la hora de prever lo que, tarde o temprano, puede pasar.

[17] Eduardo Punset (Barcelona, 1936-2019) fue un escritor, divulgador científico y presentador televisivo español.

Sangre de mi sangre

Generalmente, la historia del cerebro es una historia
de neuronas. Pero es una historia teñida,
porque a cada latido de la mente, la sangre corre.

La historia la cuentan los vencedores y, en el caso de nuestras capacidades cognitivas, los vencedores son las neuronas. Nuestra visión de los procesos cognitivos es extremadamente cerebro-céntrica y neuro-céntrica, y llevamos ya un par de siglos dando todos los méritos (y echando todas las culpas) a las neuronas. No cabe duda de que, siendo las unidades que transmiten las informaciones, su papel es importante y determinante en nuestro sistema cognitivo. Pero tendremos que preguntarnos si de verdad todo se limita a una computadora hecha de cables nerviosos. Más allá del cerebro, ya nos estamos percatando de que el cuerpo tiene un papel esencial en nuestra cognición y de que, además, nuestras capacidades mentales dependen de manera evidente de todas aquellas *próstesis extraneurales* que llamamos «tecnología». Sin embargo, aunque nos quedemos dentro del cerebro mismo, tenemos que reconocer que el paquete no contiene solo neuronas. Por ejemplo, está la *glía*, todas aquellas células que hace tiempo se pensaba que estaban solo «de relleno», y que hoy sabemos que están involucradas en roles de protección, suministro energético e, incluso, de regulación de las neuronas en procesos cognitivos específicos. En un cerebro adulto, las células de la glía son tantas como las neuronas (en algunos distritos muchas más), y todavía desconocemos gran parte de sus funciones. La albóndiga cerebral está también metida en un medio líquido, el líquido cefalorraquídeo, que es otro elemento del cual ignoramos todavía roles y labores. Aunque a nivel de anatomía general mucho se ha estudiado sobre la geometría del cerebro, este ni siquiera tiene realmente «forma». Se mantiene en su espacio porque, como una tienda de campaña, está colgado del cráneo por las meninges, tejidos conectivos que lo protegen y lo anclan a los huesos sujetándolo. Pero sobre todo mantiene su tamaño y sus volúmenes gracias a la presión interna que ejerce la sangre, auténtica alma de su estructura y de sus funciones.

Cuando hablamos de la sangre, pensamos enseguida en su papel de vector de oxígeno, aquella molécula mágica que permite arrancar los procesos cruciales del metabolismo y de la vida. Y este papel fundamental no se lo quita nadie. De hecho, muchas técnicas que visualizan las funciones cerebrales, en realidad, están visualizando el flujo de sangre, y dan por hecho (no sin una generalización a veces superficial) que más sangre quiere decir más actividad neuronal. Pero la sangre, único tejido líquido de nuestro cuerpo, hace mucho más. Transporta nutrientes y antídotos, limpia y filtra, y además, como hemos dicho, sujeta. El cerebro colapsaría bajo su mismo peso si no tuviera la presión de una infinidad de microcapilares que constituyen un verdadero «esqueleto hidrostático», hinchándolo como un globo. Y esto, evidentemente, genera también límites, vínculos y problemas a nivel evolutivo y médico, que dependen de un fino equilibrio de pesos y presiones entre la masa cerebral y el flujo sanguíneo. Además, la sangre calienta o enfría. En los seres humanos, el cerebro es el órgano que más energía consume, y que, por ende, quema, produciendo y acumulando calor. Al mismo tiempo, es muy sensible a los daños térmicos, y puede permitirse solo variaciones nimias de su temperatura. Hoy en día aún desconocemos si nuestro cerebro tiene mecanismos específicos de enfriamiento (lo que viene a ser un radiador) y dónde, pero lo haga como lo haga, este mecanismo tiene que depender de la sangre, que calienta o enfría los tejidos a través de su flujo.

A pesar de todo esto, y a pesar de la importancia que tienen venas y arterias en medicina (ictus, hemorragias, aneurismas, hipertermia, entre otras), las informaciones que tenemos sobre la biología de nuestro sistema vascular cerebral son muy escasas. Hay muchos rasgos vasculares cuya función desconocemos, los detalles anatómicos o las variaciones entre individuos, sexos, razas o especies. Desconocemos cómo se forman a lo largo del crecimiento y del desarrollo, y cómo se han formado a lo largo de la evolución. Hay rasgos que han aparecido siempre en los atlas anatómicos, estilizados o descritos solo en unos pocos individuos, pero todavía no queda claro si existen o no de verdad, o en qué medida aquellos esquemas presentan unos patrones anatómicos comunes. De algunos vasos no está claro si son arterias o venas, si aportan sangre o si la drenan, o bien si los compartimos con los otros primates.

Resulta raro pensar que, en la era de las moléculas y de los genes, todavía desconozcamos la biología de caracteres importantes y vistosos como los vasos sanguíneos de nuestra propia caja cerebral. Con toda probabilidad, es una de las consecuencias de haber perdido el interés por la anatomía para dedicarlo a temas más «sexis», como la genética y las moléculas. Estos campos son más atractivos a nivel del imaginario colectivo, y también mucho más efectivos a la hora de mover el dinero y la economía, así que en cuanto se cruzaron las nuevas fronteras, las viejas se quedaron desatendidas, a pesar de que seguían escondiendo tierras desconocidas. Además, hay que decir que la naturaleza misma del sistema vascular no ayuda precisamente al estudio anatómico, considerando que se trata de elementos muy delicados y con una geometría loca y salvaje, redes de redes más y más diminutas, cuyas propiedades funcionales y espaciales, a día de hoy, todavía no sabemos bien cómo analizar. Es un sistema fractal, difícil de encajar en los principios sencillos que estamos acostumbrados a tratar con nuestras estadísticas. La sangre es un misterio métrico: ocupa solo el 7 % de nuestro volumen, pero ¡alcanza el 100 % de nuestro cuerpo!

Hay rasgos vasculares que, a pesar de ser tejidos blandos, se pueden analizar en los restos humanos, porque dejan rastros, huellas, impresiones y canales escarbados en el tejido de los huesos (véase la figura 3). Estas trazas en el hueso se quedan como testigos de aquellas venas y arterias desaparecidas y, por ende, de los procesos fisiológicos que aquellos elementos vasculares estaban atendiendo. Una buena ocasión para los antropólogos. En contextos arqueológicos, estos rasgos se utilizan a veces para investigar el grado de parentesco de las poblaciones históricas (dentro de una misma población o entre poblaciones diferentes), porque muchas de sus variaciones son raras y pueden delatar una transmisión genética. En algunos casos forenses, se pueden incluso utilizar como «huellas digitales», porque su geometría es tan complicada y retorcida que es única en cada individuo, y si hay un registro previo (como una radiografía), es posible utilizar los

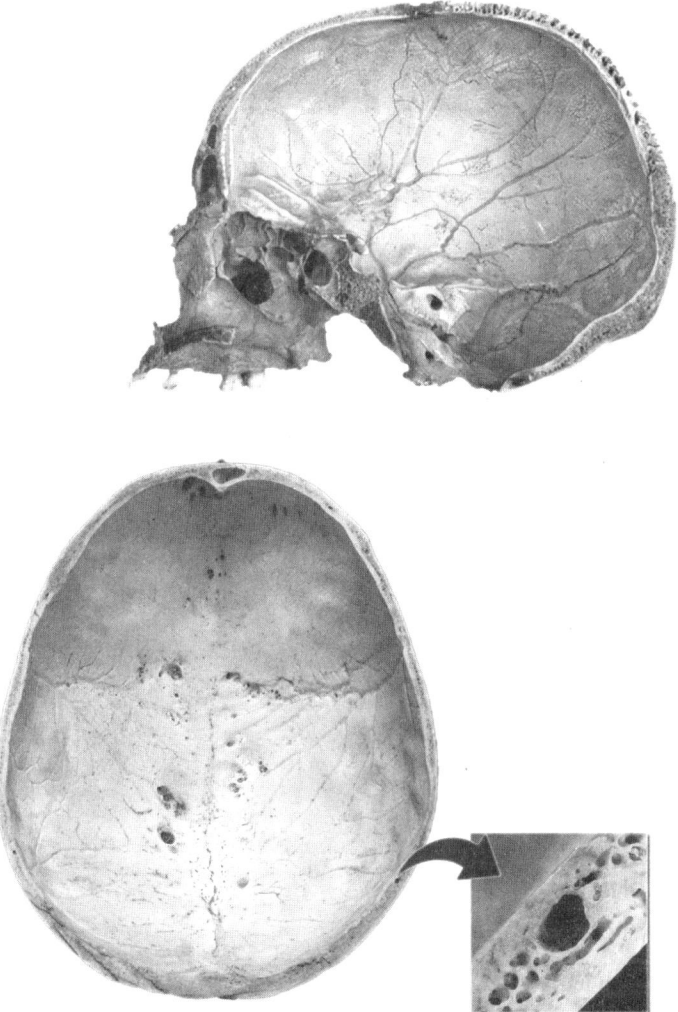

Figura 3. En la superficie de la cavidad craneal se pueden reconocer las huellas de las arterias y de las venas que ocupaban el espacio entre cerebro y cráneo, corriendo dentro de las meninges, es decir, los tejidos conectivos que protegen el cerebro. La correspondencia entre los vasos sanguíneos y estas huellas no es completa, pero es consistente, y estas trazas se pueden estudiar en fósiles o en poblaciones arqueológicas para proporcionar información sobre el flujo sanguíneo, la regulación térmica o los procesos metabólicos asociados a las respuestas inmunológicas. Dentro de los huesos de la bóveda, además, se pueden distinguir los canales de las venas diploicas (recuadro), que unen el sistema vascular interno al cráneo con el externo.

patrones vasculares para reconocimiento personal. En las especies fósiles se estudian para saber si el flujo sanguíneo ha cambiado a lo largo de la evolución y cómo lo ha hecho, y ahí viene una sorpresa: entre los homínidos, solo nosotros, *Homo sapiens*, tenemos una red compleja de vasos en nuestro cráneo neural. Vasos que, además de ser muchos, están todos comunicados entre ellos. Lo vemos en los retículos de la arteria meníngea media, que se interpone entre cráneo y cerebro, y también en las venas diploicas, que excavan túneles en los huesos de la bóveda. Pero sobre todo lo vemos en el distrito parietal, que precisamente es donde nuestra especie presenta una variación más patente de su geometría cerebral. No es una cuestión de tamaño general, y de hecho los neandertales, que tenían un tamaño cerebral comparable o incluso superior al nuestro, no tenían nuestra misma complejidad vascular. Claro, no podemos saber si esto pasa también en los vasos cerebrales, es decir, los vasos que se pierden entre surcos y giros de la corteza, pero, en general, los vasos sanguíneos se desarrollan en respuesta a estímulos bioquímicos comunes, con lo cual, si aquellos vasos fósiles han aumentado de modo notable su complejidad en nuestra especie, no hay por qué pensar que no lo hayan hecho también los que tenían al lado.

Aunque tenemos un sistema vascular del cerebro más desarrollado que cualquier primo extinto, no sabemos por qué, ni para qué sirve. Sospechamos que es parte de aquel radiador cerebral que enfría la corteza, y que quizá se activa sobre todo en condiciones de calor excesivo, como durante la actividad física o durante una patología. Pero la información es escasa, y la atención hacia los rasgos anatómicos hoy en día no puede competir con la fascinación que suscitan las moléculas o las galaxias. En cirugía, cuando se abre una cabeza, la arteria meníngea estorba y sangra, con lo cual se quita, y amén. Y no tenemos datos ciertos sobre lo que les pasa, a largo plazo, a los que viven sin esta serpentina vascular. En el caso de los neandertales se puede decir que la curiosidad solo es científica, porque es gente que ya no sufre. Pero nuestra especie, en cambio, sigue teniendo la vida pendiente de un hilo, a menudo un hilo en forma de arteria, y no estaría de más hacerse algunas preguntas acerca de sus funciones. En el campo de batalla del cerebro, la sangre nunca corre en vano. Y como siempre, aun sin fuego, hierve.

Gota a gota

El cráneo es un cofre que protege un tesoro llamado «cerebro».
Pero es un tesoro que brilla exclusivamente dentro
de su arca, porque relumbra solo gracias a la luz de
una sustancia mágica, llamada «sangre».

Ya desde hace mucho tiempo veneramos el cerebro como centro de gravedad de nuestra mente y de nuestras increíbles capacidades de analizar, entender y solucionar el mundo. A estas alturas, unos cuantos sospechamos que este cerebro es solo una parte del sistema cognitivo, y que necesita integrarse con el cuerpo y con el ambiente (incluida la tecnología) para generar nuestro complejo proceso mental. Pero desde luego es un elemento crucial, quizá el mismo procesador que, aunque delegue funciones a componentes externos, se encarga de establecer las reglas y las relaciones. Así que merece la atención que merece, y no en vano es quizá el órgano más complejo, más ignoto y más estudiado de nuestro cuerpo. Ahora bien, sorprende que cuando uno dice «cerebro» automáticamente se piensa solo en uno de sus elementos: las neuronas. Son las supuestas unidades funcionales de la red pensante, pero un cerebro es mucho más que una gigantesca albóndiga de células nerviosas. Hay tejidos muy distintos, desde la abundante y heterogénea glía con sus muchas funciones tan importantes como desconocidas, hasta los conectivos que lo sujetan y lo protegen. Y sobre todo hay sangre, mucha sangre. El sistema vascular del cerebro es muy complejo y alcanza cada milímetro de la cavidad endocraneal, aportando oxígeno, nutrientes y defensas a todas las células, limpiando y regulando los tejidos, sujetando la arquitectura blanda de la masa cerebral como un esqueleto hidrostático y, finamente, regulando la temperatura de dicha cavidad, continuamente en riesgo de un excesivo y peligroso calentamiento de sus componentes. Es curioso entonces que, con la importancia que damos al cerebro en nuestra vida y en nuestra evolución, todavía sigamos sin tener mucha información sobre su sistema vascular. Y todo ello aun sabiendo la importancia de estos vasos en las patologías cerebrales, agudas y crónicas. O sabiendo que, por lo menos, si analizamos las huellas de arterias y venas en los fósiles, solo nuestra especie, *Homo sapiens*, presenta una compleja red de vasos en la cavidad craneal, mientras que los demás homínidos (incluso el cabezudo neandertal) solo tenían unos pocos vasos, y además escasamente conectados entre sí.[18]

Desde luego, si desconocemos muchas funciones y características del sistema sanguíneo cerebral, tenemos que dar por hecho que es probable que desconozcamos también muchas de sus potencialidades y limitaciones. Solo sabemos que, si no funciona el sistema vascular, no funciona el cerebro. El tesoro luce solo cuando está sumergido en su líquido mágico. Su correcto funcionamiento está íntimamente vinculado al correcto funcionamiento de su sistema vascular. Ahora bien, cuál es este vínculo, con precisión, no lo sabemos. Pequeños fallos vasculares pueden comportar tremendas consecuencias a nivel cognitivo y del comportamiento,

---

[18] Véase también en este mismo libro el artículo «Sangre de mi sangre».

y paralizar el cuerpo o alterar algunas capacidades especificas (como la visión, el lenguaje, el cálculo, la gestión del espacio, la capacidad moral o la toma de decisión), a veces con un efecto más sutil, a veces con un efecto devastador y cruel. Sin embargo, en otros casos se producen daños muy extensos que sorprendentemente no tienen consecuencias patentes, o que de todas formas implican un déficit nulo o imperceptible. Así que no sabemos bien qué es lo que relaciona el grado de daño vascular con el grado de alteración cerebral o cognitiva. Cada uno de nosotros tiene un patrón de neuronas y de vasos muy personal, y el perjuicio depende de una serie de factores individuales que, por el momento, entendemos solo en parte. En ocasiones estos daños son permanentes, en otras son transitorios, y basta con arreglar o limpiar un poco el desagüe vascular (con una reparación espontánea, o bien con un poco de cirugía) para que el sujeto recupere sus funciones y capacidades anteriores.

Esta situación conlleva una consecuencia muy interesante a nivel médico y psicológico: nos enteramos solo de aquellas variaciones que cambian en profundidad las capacidades de una persona. Si el efecto es liviano (el daño es menor y pasa desapercibido) o si no hay cambios en el comportamiento (el defecto viene «de fábrica»), no nos enteraremos de que el flujo sanguíneo está influyendo en las capacidades y en los comportamientos de alguien. Puede haber traumas que afecten de un modo más o menos sutil a ciertos aspectos de la personalidad, pero que nadie achacará a un problema circulatorio. O puede darse una degradación gradual y paulatina, que afecte lentamente a las capacidades cognitivas sin que se noten saltos patentes. Si las consecuencias alcanzan un grado clínico, alguien sospechará y se harán controles. Pero, si nadie sospecha, el efecto se interpretará como la condición normal de un individuo, etiquetando el efecto como una leve demencia senil si el sujeto es una persona mayor o, si es más joven, como variabilidad individual, atribuyendo su comportamiento a escasa capacidad mnemónica, poca o excesiva locuacidad, misantropía, o simple y llana mala leche. Cualquier aspecto de nuestra personalidad puede ser alterado por defectos vasculares, transitorios o permanentes, hasta el punto de que quizá tendríamos que preguntarnos en qué medida nuestras capacidades cognitivas son el fruto de nuestra red neuronal o de nuestra red vascular. En qué medida somos lo que somos y cómo somos en función de nuestra configuración de neuronas o de vasos, ya que estos vasos tienen la responsabilidad (y el poder) de encender y apagar nuestras delicadas regiones corticales. Es decir, quizá hay que valorar con más atención la posibilidad de que el proceso cognitivo sea el resultado de redes neuronales, pero también de redes vasculares y, por supuesto, de todas las posibles (y desconocidas) interrelaciones entre estos dos sistemas.

Hay quien opina que detrás de muchos problemas de la personalidad o dificultades funcionales del organismo se puedan esconder defectos vasculares del cerebro, y hay quien se siente incómodo con esta visión tan mecanicista de nuestros comportamientos, sobre todo reconociendo que la tecnología médica, a pesar de sus increíbles avances, todavía no permite inferencias tan tajantes. Pero la duda resta, así como la sospecha de que informaciones vasculares bien recopiladas puedan resolver situaciones difíciles, y abrir nuevas puertas hacia aspectos inesperados de nuestra biología. Y, aparte de los casos más peliagudos, sería desde luego interesante saber si algunos aspectos de nuestro carácter (incluso defectos y limitaciones) se deben a un mal funcionamiento de las redes vasculares, a raíz de las restricciones de nuestro programa de desarrollo o de un evento perjudicial (como un ictus o un trauma) que ha pasado desapercibido.

La duda también habría que tenerla en cuenta al considerar factores de riesgo hasta ahora infravalorados. Al fin y al cabo, el cerebro es una masa informe sujetada por la presión sanguínea, y cualquier golpe puede destrozar con cierta facilidad miles de minúsculos capilares, así como algunas de las ramas principales de la red vascular. Su principal protección es externa, es decir, los huesos del cráneo, una armadura que funciona muy bien, pero que tiene algún inconveniente. En concreto, la cavidad endocraneal está llena de bultos óseos, crestas rígidas y láminas conectivas que aseguran y defienden el cerebro, pero que también lo pueden golpear, herir o desgarrar si un movimiento es demasiado rápido y llega a desplazar el cerebro dentro de su acorazado baúl. De hecho, muchos estudios con disecciones, modelos y simulaciones evidencian que, cuando el cerebro sufre una aceleración excesiva y se mueve dentro de su cofre craneal, se detectan muchos daños próximos a estas estructuras duras. Aunque no haya fracturas, un movimiento rápido de la cabeza puede hacer tambalear el encéfalo dentro de su estuche, magullando y lacerando sus tejidos más frágiles, sobre todo los vasos sanguíneos. Una mala caída es un ejemplo patente de aceleración y contusión, pero un golpe de boxeo o de una pelota a gran velocidad, aunque se consideren actividades «normales y aceptables» en nuestra sociedad, pueden tener efectos evidentemente peores. Y, como siempre, si estos efectos son patentes se llama a una ambulancia, pero si pasan desapercibidos vuelves a casa exaltado a celebrar la victoria (o enfurruñado por la derrota) sin saber que has tenido una pequeña alteración de tu cableado energético.

Una alteración vascular puede ser transitoria o permanente, generar un cambio repentino o gradual, y desde luego a lo largo de una vida acumulamos muchas de ellas. Unas cuantas se sanan, otras no. En el caso de los boxeadores, el sentido común ha llegado mucho antes de este artículo, y todo el mundo da por hecho que con los años los golpes les aplanan la cordura. En el caso de los jugadores de fútbol americano, suena un poco a desfachatez (vamos, que se veía venir a la legua) que, después de haberse aprovechado de su beneficiosa carrera, denuncien a las instituciones porque el cerebro se les ha hecho papilla, pero la jugada legal a algunos les ha salido bien porque es una situación fronteriza. No obstante, en muchos otros casos estamos todavía muy lejos de saber cuánto y cómo las actividades de nuestra rutina cotidiana (deporte, alimentación, contaminación, estrés, entre otras) pueden afectar a nuestro sistema vascular, moldeando sutilmente nuestro carácter y capacidades cognitivas, día a día, gota a gota.

Los humanos extintos tenían menos vasos sanguíneos en las paredes y en los huesos del cráneo, y acaso un sistema vascular menos complejo que el nuestro. Tenían muchos menos vasos, y menos conectados entre sí. Nosotros *Homo sapiens* hemos invertido anatómicamente en nuestra red vascular y, aunque no sabemos por qué, tiene que haber habido una buena razón. Montar un motor más complejo o más potente mejora la prestación, pero tiene un precio: aumenta los riesgos, aumenta la posibilidad de un fallo, aumenta los factores y los elementos involucrados y, por ende, aumenta la probabilidad de que algo pueda ir mal. Nuestra compleja red vascular es quizá una clave importante de nuestras capacidades cognitivas, pero es también un punto débil de nuestro potente equipamiento cerebral. Si lo hubieran sabido los neandertales, en lugar de meterse en una competición ecológica, habrían llevado la confrontación directamente entre las cuerdas de un *ring*, y puede que la historia hubiera tenido otro final. Aquel combate tal vez se ganó usando un poderoso pero frágil artilugio llamado cerebro, pero ojo, que en la evolución la contienda nunca termina. Y cuando la sangre no fluye en las entrañas de nuestra cordura, acaba derramándose, de manera estúpida, en los campos de batalla.

¿Está usted de broma, Sr. Baldwin?

Creemos que nuestro cerebro puede dar forma a nuestra mente,
pero ¿qué es lo que da forma a nuestro cerebro?
Echamos culpas y méritos a la genética,
y nos olvidamos de lo que falta. Y de lo que sobra.

Los frenólogos[19] de principios del siglo pasado intentaban leer los giros y surcos del cerebro como si este fuese una esfera de cristal, o como uno de esos mapas de carnicería donde el cerdo está parcelado con sus partes bien delimitadas, cada una con su sabor y con su precio. Aunque nos cuesta alejarnos de esta visión reduccionista, hoy sospechamos que la cosa es un poco más complicada. Pueden existir «áreas cruciales» para una u otra función cognitiva, pero el cerebro trabaja con redes muy amplias y con mecanismos aún bastante desconocidos, con lo cual mejor no vaticinar demasiado cuando se intenta asociar áreas corticales con capacidades específicas. Tachamos a los frenólogos de aquel tiempo de ingenuos y crédulos, sin darnos cuenta de que seguimos tropezando con la misma piedra. En la actualidad, buscamos un gen

---

[19] La frenología asociaba a cada región cerebral una función muy específica y, por ende, intentaba interpretar las habilidades cognitivas individuales analizando directamente la morfología cortical.

para cada función, cada rasgo, cada problema y cada solución, volviendo a pisar aquellos caminos reduccionistas que, dentro de unas décadas, nos harán ser tachados de ingenuos y crédulos.

A nivel de evolución, la confianza en la genética es total: no hay evolución sin cambio genético. Desde luego es probable que sea verdad, pero esto no garantiza la polaridad del proceso, es decir, ¿cuál es la causa y cuál es la consecuencia? A nivel aún más general, ¿cuánto influye la biología en el comportamiento, y cuánto el comportamiento influye en la biología?

En ecología humana se suelen separar las *adaptaciones genéticas* (que afectan a las poblaciones a lo largo de generaciones), las *adaptaciones fisiológicas* (que afectan al individuo a lo largo de su vida) y las *adaptaciones culturales* (que afectan a las sociedades a lo largo de la historia). Esta distinción en antropología es esencial, y a menudo totalmente olvidada. No hay por qué pensar que estos tres tipos de cambios sean, desde luego, ni aislados ni independientes. Se influyen unos con otros, y a menudo se integran y generan híbridos difíciles de desenredar cuando nos metemos en un laboratorio a medir parámetros y variables del sistema biológico.

Si esto vale para músculos y huesos, la cosa se complica con el cerebro, sobre todo importante en los tres procesos, y sensible de modo particular a los tres factores. En neuroanatomía evolutiva se da por hecho que cada cambio cerebral o cognitivo tiene que ser el resultado de una variación genética y de una consecuente selección natural. Antes que nada, hay que recordar que la selección trabaja según un parámetro muy pero que muy sencillo: el éxito reproductivo. Tener más hijos. Si el cambio no influye en este parámetro como corresponde a lo largo de mucho tiempo, es difícil que se pueda llamar «adaptación». Hay muchos rasgos o cambios que no influyen en absoluto en el éxito reproductivo, con lo cual su compra y venta dependen de factores aleatorios. Incluso son bastantes los rasgos que hasta pueden perjudicarlo, pero la selección los acepta porque vienen asociados en un paquete con otros rasgos muy buenos, el clásico ofertón en el que te llevas a casa una chatarra inútil o que te estorba porque te la empluman con algo que necesitas. Finalmente, son numerosos los casos en que la selección no decide nada, y se encuentra el paquete ya entregado por causas que prescinden de la excelencia de reproducción (como un evento climático que revienta al azar a una parte de la población, indultando a otra).

Pero más allá de valorar si un carácter biológico aporta o no aporta al éxito reproductivo, el problema principal es que el cerebro participa y responde a los tres factores de cambio: genético, fisiológico y cultural. Por ejemplo, el cerebro es muy sensible a un entrenamiento y a otras formas de influencia ambiental. Hemos aceptado desde hace tiempo que la cultura influye sobre las capacidades cognitivas, pero por lo que parece seguimos infravalorando el proceso. Se han descrito cambios anatómicos celulares, fisiológicos y hasta macroscópicos en el cerebro de macacos a las pocas semanas de entrenarlos con objetos y utensilios. Entonces, queda patente que existe la seria posibilidad de que haya «efectos de retroalimentación» entre el sistema orgánico (el cerebro) y el sistema superorgánico (la cultura). Por tanto, cuando observamos en un individuo o especie una variación anatómica y un comportamiento asociado, mejor no dar por sentado que la primera es la causa y la segunda la consecuencia. Es posible que un programa genético influya en la estructura cerebral y esto genere un cambio en el comportamiento, pero es igualmente posible que un cambio de comportamiento influya en la estructura cerebral.

James Mark Baldwin[20] era un filósofo y psicólogo estadounidense a quien se le quedaban cortas las teorías evolutivas tradicionales y en 1896, junto a otros evolucionistas de su época, se interesó por un proceso alternativo y complementario basado en plasticidad fenotípica y acomodación genética. Según su perspectiva, la plasticidad de un organismo (es decir, la capacidad de cambiar en respuesta a estímulos ambientales) puede influir en los caminos de la evolución, empujando el cambio hacia una dirección específica que, si funciona, repercutirá también en la estructura genética. En este caso es el organismo el que, en función de sus capacidades y de sus elecciones, tiene un papel importante y activo en establecer qué es precisamente lo que se va a valorar a nivel selectivo, orientando el camino. En los años cincuenta, uno de los padres de la paleontología contemporánea, George Gaylord Simpson,[21] bautizará esta posibilidad con el término de «efecto Baldwin». Y en esa misma década, el biólogo inglés Conrad Waddington[22] propuso una posibilidad adicional, pero en cierto modo opuesta: que la selección influya sobre el grado de plasticidad, orientando la capacidad de variación. En ambos casos hablamos de procesos sutiles, que se mezclan uno con el otro entre los rincones de las perspectivas neodarwinistas y neolamarckistas, generando debates y zonas indefinidas, pero dejando clara una cosa: mejor pasar de interpretaciones lineales echando toda la culpa a los genes.

Os podéis imaginar las consecuencias de un posible efecto Baldwin en el cerebro, y no es casualidad que el hombre fuera psicólogo. Nuestro sistema nervioso no solamente es muy sensible a los

[20] Columbia, 1861-París, 1934.

[21] Chicago, 1902-Tucson, 1984.

[22] Evesham, 1905-Edimburgo, 1975.

efectos externos, sino que es la primera causa de estos mismos efectos externos: contribuye a generar una cultura que a la vez le sirve de enlace con el mundo permitiendo desarrollar nuevas características, al mismo tiempo que moldea su estructura de forma retroactiva. La capacidad de variar se vuelve el factor que impulsa el cambio, parámetro que orienta la evolución, y variable seleccionada por ella. Vaya lío. Imposible desenredar factores genéticos (modificaciones de los genes por selección), factores epigenéticos (modificaciones de los genes por efectos externos) y factores ambientales (modificaciones de la anatomía o de la fisiología por efectos externos sin cambios genéticos). O por lo menos es muy complicado, con lo cual mejor evitar afirmaciones tajantes y soluciones demasiado lineales cuando observamos ciertos cambios evolutivos para los que no tenemos todavía informaciones suficientes que nos permitan valorar los mecanismos biológicos que los generan.

Y todo esto sin contar con que en el pastel del cerebro no hay solo neuronas, sino también vasos sanguíneos, células de soporte y tejidos conectivos, todo ello empaquetado en huesos. Y todo esto sin contar que ya no nos creemos eso del cerebro como máquina independiente, siendo posible que se trate del procesador de un sistema más extendido que incluye el cuerpo y el ambiente como componentes activos y esenciales de las dinámicas cognitivas.

Es curioso que la teoría de la evolución sea precisamente la que, frente a otros campos, parece la que menos evoluciona. En los mismos años en que George Gaylord Simpson recuperaba la discusión sobre el efecto Baldwin, Richard Feynman[23] recogía el premio Albert Einstein e iba de camino hacia la entrega de un Premio Nobel y hacia otra revolución de la física, galardonada por sus capacidades predictivas. En cambio, en el último siglo, la teoría de

---

[23]   Nueva York, 1918-Los Ángeles, 1988.

la evolución ha ido anunciando muchas pequeñas revoluciones que nunca se han llegado a concretar, y al final la disciplina prefiere escudarse detrás de la barba de Darwin, evitando evaluar en serio la aportación de cambios radicales. Hipótesis como la de Baldwin se dejan desatendidas en un rincón de la historia, reconociéndoles todo el valor pero luego, en el día a día, volviendo a lo conocido, más seguro y menos complicado. Ojo, señor Darwin, que los tiempos cambian, y si no evolucionas con ellos acabarás siendo pieza de museo, tal como uno de tus muchos, curiosos y entretenidos fósiles vivientes.

PARTE II
Evolución y evolucionistas: entre ciencia y sociedad

Los colores de la dignidad

El concepto de raza en antropología ha generado más problemas
que soluciones, pues se han mezclado cuestiones científicas
y sociales, distancias genéticas y factores morales.
Empecemos aclarando dónde se solapan biología y cultura
y dónde, sin embargo, tienen realmente poco que compartir.

La percepción de la diversidad es algo atávico que nace con el mismo concepto de «grupo social», pero la medición y el estudio de esta diversidad es algo más reciente y propio de esta disciplina que llamamos antropología, un campo dedicado a investigar la historia natural del género humano. Cuantificar y clasificar ha sido desde siempre el objetivo básico de las ciencias naturales, y más todavía después de aquellas épocas de exploraciones y descubrimientos que nos llevaron a curiosear detenidamente en cada rincón de este planeta. La diversidad humana no pudo pasar desapercibida, y así fue como nuestra cultura occidental empezó un largo (y sufrido) camino de interpretación de esta variabilidad, mezclando con poco acierto y mucha confusión razones científicas, culturales, morales, legales, económicas y religiosas.

Opiniones, especulaciones y prejuicios se mezclaron sin muchas reglas ni cautelas en el intento de algunos de reconocer derechos y defender la dignidad, y de otros de defender privilegios y de mantener a la población en una condición de violencia tribal más fácil de manipular. De paso, la confusión como siempre vino muy bien para esconder y hasta justificar trastornos sociopáticos y abusos incondicionales. La persecución del ajeno siempre ha sido una buena excusa para descargar tensiones y agresividad dentro de un grupo, y cuanto más ajeno tanto más encaja en el perfil de cabeza de turco. En el siglo XVI, las Leyes de Burgos declararon que los indígenas tenían alma, y estos después de muchos años llegarán efectivamente a tener hasta derechos. Pero mientras tanto ha pasado mucha agua en el río, y se ha llevado una cantidad impresionante de muertos y perseguidos en nombre de las diferencias raciales. Y a pesar de los logros que hemos alcanzado en este último siglo, el problema está muy lejos de tener una solución aceptable.

Los antropólogos se sienten un poco culpables por haber sido parte de este proceso, como «especialistas de la diversidad humana» que medían y cuantificaban diferencias anatómicas, distancias genéticas y capacidades cognitivas, proporcionando informaciones a quienes luego las utilizaban de manera ilícita para vender sus aberraciones morales. En algunos casos, los antropólogos han sido parte activa del proceso de persecución, pero en general se han encontrado con una patata caliente en las manos, sin saber bien cómo manejarla. El concepto de «raza» en sí mismo no lleva ningún juicio de valor, pues se refiere simplemente a grupos zoológicos (incluso humanos) que comparten cierta homogeneidad biológica debida a un proceso histórico y demográfico en común a lo largo de mucho tiempo. No hay ninguna conexión directa entre esta supuesta homogeneidad genética y el reconocimiento de valores distintos, y mucho menos de conceptos éticos o morales.

Interpretar una diferencia biológica en términos de diferencia social es algo que ha colado solo por demagogia: se buscaba una excusa cualquiera para perseguir al ajeno y aprovecharse de sus recursos, y se utilizó la respuesta emocional de miedo y rechazo que en todas las tribus se siente hacia algo o alguien que no se conoce.[24]

Sea como fuere, los antropólogos se empezaron a sentir más incómodos década tras década, intentado lidiar con la variabilidad humana sin pisar baldosas sueltas o nervios sensibles. Una posible clave para resolver la difícil situación fue facilitada por la antropología molecular, ya que las técnicas impulsaron análisis cada vez más precisos y se logró cuantificar mejor la estructura de la variabilidad humana. Cuanto más aumentaban los estudios, tanto más se esfumaban las diferencias entre los grupos geográficos. Cuando el solapamiento llegó a ser patente, se declaró sencillamente que no existían las razas, y muerto el perro se acabó la rabia. Sin embargo, a pesar de las fronteras borrosas entre los grupos humanos, su homogeneidad interna quedaba ahí, generando conjuntos y afinidades en los estudios sobre la variabilidad humana. Estamos desde luego muy lejos de aquel pobre esquema tricromático (blanco-negro-amarillo) que ha dominado los conceptos raciales a lo largo de siglos, pero aquellas «homogeneidades» permanecen en el registro geográfico. Nada raro, porque es de esperar que los grupos que han compartido más historia compartan más genes y más biología. Tampoco las fronteras borrosas son inesperadas, y si fuesen tajantes hablaríamos de especies. El concepto zoológico de raza en sí mismo es una definición basada en «cierto grado» de semejanza, y no existe una forma objetiva de establecer una frontera nítida o un umbral convencional entre la distinción y su ausencia. Al fin y al cabo, solo es una nomenclatura para identificar grupos que han

[24] Véase también el artículo «Balada para una horda», disponible en *Jot Down*.

compartido un camino biológico a raíz de su pasado histórico y geográfico, resultando ser más afines entre ellos que con otras poblaciones lejanas. Pero las palabras son la herramienta más potente de nuestro pensamiento, y, de hecho, representan, determinan y moldean nuestra forma de pensar y de ver las cosas. Y fue así que términos como «raza» o «diversidad humana» empezaron a utilizarse con mucha moderación, como si eliminando la palabra se eliminase el problema. Empezaron a florecer sinónimos y tabúes, y a los dogmas raciales se añadieron dogmas antirraciales. La cuestión antropológica continúa abierta: ¿existen las razas humanas? El debate sigue en pie, entre medidas antropométricas, frecuencias genéticas, un poco de miedo y mucha demagogia.

Pero ¿estamos seguros de que este sea realmente el problema? ¿La dignidad y el derecho dependen de factores biológicos? Raza y racismo tampoco se necesitan el uno al otro. Hay muchas situaciones donde se reconoce la existencia de «grupos humanos», pero no por ello se los acosa, y al mismo tiempo hay mucha gente que pasa de frecuencias genéticas a la hora de desatar su agresividad y justificar sus debilidades.

Theodosius Dobzhansky,[25] uno de los padres de la genética moderna, escribió en 1973 un libro iluminador que se titula *Diversidad genética e igualdad humana*, donde recuerda que las dos cosas no tienen ninguna relación necesaria. Una pancarta feminista en los años setenta resaltaba que «la igualdad es un derecho, la diversidad es un valor». Las diferencias han sido utilizadas como excusa para llevar a cabo persecuciones y exterminios, y da la sensación de que la sociedad humana, para huir de aquellos excesos, no ha encontrado mejor solución que negarlas. Pero negando las diferencias se pierde una riqueza, y una oportunidad. Negando las

---

[25] Nemirov, 1900-Davis, 1975.

diferencias se niega su derecho de existir. Además, negar las diferencias, cuando las haya, puede suponer un error fatal de gestión, porque cuando luego los grupos se mezclan y se encuentran diferentes no están preparados para integrar la diversidad.

Defender los derechos humanos en función de la negación de las razas biológicas genera también dos peligros muy serios. Primero, se asocia un concepto moral (la dignidad) a una evidencia científica. La ciencia es, por su propia naturaleza, mutable y caprichosa. No sabemos adónde se dirige, ni qué sorpresas nos puede dar mañana. Si anclamos un valor moral a una perspectiva científica, ¿qué hacemos si luego aquella perspectiva cambia? La dignidad humana no puede y no debe estar sujeta a las inestables evidencias de la ciencia. El racismo tiene que ser estrictamente interpretado como un problema social y cultural, y no como un problema científico.

Segundo, la asociación entre dignidad humana e igualdad biológica prepara una gran trampa: da por hecho que hay que respetar solo a los que son iguales a ti mismo, a tu familia, a tu tribu. Asociar los derechos y la dignidad al concepto (y a las pruebas) de igualdad es una perversión moral, de una superficialidad asombrosa. Hay que reconocer dignidad y derechos a todos, existan o no existan las razas. Y lo mismo vale para cualquier forma de vida que supuestamente tenga una complejidad biológica suficiente para poder ser consciente de su propia existencia: no necesito saber cuántos genes compartimos con un chimpancé para decidir si lo voy a torturar o a exterminar. Es paradójico, pero una posición que defiende respeto y derecho solo en nombre del grado de parentesco es tan racista (o especista) como las alternativas a las que pretende enfrentarse.

El arcoíris exhibe todos los colores, secreto íntimo de su hermosura. El encanto procede de la forma en que todos estos colores se mezclan, desvaneciéndose el uno en el otro, pero también de la posibilidad de diferenciarlos y de apreciar su contraste. Sus fronteras son indefinidas, aunque siguen distinguiéndose, cada una con sus propiedades físicas y con su valor emocional. No hay belleza sin diversidad.

Yo Tarzán, tú Zira

Buscamos un papel en nuestra historia natural, un lugar dentro de esta selva confusa e inescrutable que llamamos evolución. Nuestro ser diferente ha sido a menudo razón de orgullo, y de arrogancia. Pero a veces implica soledad, y nos lleva a esconder nuestras peculiaridades, en el intento de hacernos sentir parte de una familia más extensa y parte de su historia.

Clasificar es una necesidad básica de todas las ciencias naturales. Clasificar es necesario para poner en orden una variabilidad a menudo sorprendente e indomable. Es necesario para comunicar, compartiendo nombres y conceptos. Es necesario para analizar y para comparar, y ambas actividades necesitan «muestras», es decir, grupos suficientemente amplios y homogéneos para representar ciertos modelos animales, vegetales o minerales, así como sus posibles variaciones. La sistemática intenta poner orden entre estos grupos, y la taxonomía los nombra según reglas convencionales. El nivel de especie es el ladrillo esencial de todo este código, y puede que tenga cierto significado biológico, representando a su manera una unidad evolutiva y reproductiva. Pero aun así, este pilar de la clasificación es mucho más resbaladizo de lo que parece, y sus fronteras son más borrosas de lo que se suele imaginar.

Todos los demás niveles taxonómicos, desde las razas hasta las familias o los órdenes, son totalmente arbitrarios y convencionales. Se trata de ponerse de acuerdo para desarrollar un lenguaje común, intentando marcar algunos criterios que puedan ser útiles a la hora de individuar similitudes y diferencias. Existen algunas instituciones, que son de referencia taxonómica para la comunidad internacional, y existe una cantidad inmensa de bibliografía donde especialistas de todos los grupos biológicos, grandes y pequeños, proponen nomenclaturas y marcan pautas terminológicas. Pero, en realidad, no existe regla indiscutible, más allá del sentido común. Un sistema convencional como este puede generar «escuelas» y «tendencias», pero no puede dictar leyes, y mucho menos verdades.

Las dos principales perspectivas históricas que se enfrentan en este debate son la escuela fenética (que clasifica y agrupa en función de la similitud biológica) y la escuela cladística (que clasifica y agrupa en función del nivel de parentesco evolutivo). La primera es más tradicional, la segunda está más en boga básicamente por fardar del aval molecular. En el primer caso se intenta aproximar el modelo biológico de una especie, considerando todos sus caracteres (anatomía, fisiología, bioquímica, entre otros). En el segundo caso se usa el grado de similitud genética como estimación aproximada de la cercanía evolutiva. Ambas elecciones tienen sus defensores y sus detractores, sus límites y sus ventajas. Pero la naturaleza no sabe de genética o de anatomía, y los procesos evolutivos no conocen la matemática de los algoritmos de agrupación. Nuestras clasificaciones son intentos decentes de organizar la variabilidad evolutiva en cuadrículas que, sencillamente, no existen. Nos vienen muy bien y nos ayudan mucho, pero tenemos que ser conscientes de los límites.

La antropología evolutiva en las últimas décadas ha vivido un momento histórico de miedo a las diferencias. Después de los excesos del siglo pasado, donde las diferencias (de sexo, de raza o de especie) todavía llevaban a la persecución de los ajenos y a las peores atrocidades del género humano, nuestra cultura occidental ha intentado responder alejándose del riesgo más que enfrentándose a los problemas. Confundiendo similitud biológica con derecho e igualdad moral, hemos intentado suavizar las diferencias, o negarlas, cuando fuese posible. Esta oleada de nivelación ha alcanzado a todos los sectores de la antropología, incluso la interpretación de los fósiles y de los primates en general. Los neandertales han pasado de ser pintados como brutos animales a ser representados como guerreros majos y sonrientes, espabilados y orgullosos, hasta atractivos. Pasando por alto las muchas diferencias entre ellos y los humanos modernos, se les ha hecho el feo de moverlos de una posición de humanos atrasados e imperfectos a humanos como nosotros sin más. Es decir, se sigue descuidando la posibilidad de reconocer sus cientos de miles de años de evolución independiente, de reconocer su derecho a ser diferentes, de reconocer que puede haber existido una alternativa, perfectamente legítima pero distinta, a nuestro modelo humano actual. O sea, parece que no hay elección: o brutos o como nosotros. O iguales o peores: «diferente» no es una opción.[26]

Los simios antropomorfos han sufrido el mismo destino. Para intentar sobrevivir a la persecución y a la tortura, han tenido que pasar de un estatus de ser primitivo a una condición de pariente lo más cercano posible. Otra vez, parece que nos cuesta reconocerles los millones de años independientes que han recorrido desde que hemos compartido nuestro antepasado común, años que

---

[26] Véase también el artículo «Los colores de la dignidad», en este mismo libro.

han generado algo distinto y que, efectivamente, no parece humano. También a nivel de lenguaje, en el intento de denegación de las diferencias, se utiliza la misma palabra, *herramienta*, para un palillo que para un *pendrive*, y la misma palabra *cultura* se aplica tanto al lavado de una patata como a las obras de Unamuno. Más allá de las posibles diferencias en los mecanismos y procesos que están detrás del producto evolutivo, se pasa totalmente por alto la diferencia, abismal, de grado. Comparando un rasguño coloreado en una cueva con la Capilla Sixtina, se concluye con soltura: somos todos iguales. Y el novio, Tarzán, hombre asilvestrado de rasgos hollywoodianos, pero con alma y grito de mono, puede besar a la novia Zira, científica peluda, bípeda y moral, mona sabia de aquel planeta de los simios que antaño pertenecía al género humano, edén perdido por ambos bandos en un exceso de falsa cordura.

Los nombres son las verdaderas esencias de nuestros conceptos y de nuestra capacidad de razonar. Nombrar es necesario para pensar. Un nombre orienta el pensamiento, influye sobre las relaciones que somos capaces de ver o de entender. El conocimiento moldea los nombres, y a su vez los nombres moldean el conocimiento. Hasta la década pasada se utilizaba el término «homínidos» para identificar la familia (*Hominidae*) que incluye los humanos (el género *Homo*) y sus linajes extintos (básicamente los australopitecos). Las similitudes genéticas entre humanos y chimpancés dieron la clave para empezar el proceso de nivelación de las diferencias taxonómicas, dando más importancia a la distancia molecular (porcentaje de genes símiles) que al resultado evolutivo (las más que patentes diferencias biológicas entre un ser humano y un simio antropomorfo). Todo ello se amparaba detrás de la buena intención de proteger a los primates no humanos de los abusos de los primates humanos. Lástima que esta aproximación esconda un riesgo importante: se da por hecho que hay que respetar solo a los que son como tú, solo a los que son de tu gremio, y solo a los que han pasado las pruebas que lo demuestran. Es decir, esta aproximación, que supuestamente defiende a los ajenos bajo el principio de igualdad evolutiva, es más bien una variante amistosa de un racismo/especismo ingenuo y emocional, que exige pruebas de afinidad tribal para defender al individuo. La idea de que solo merece respeto el que se parece a mí es, desde luego, peligrosa, y no habría que confundir diversidad biológica e igualdad de derechos.

Pero estas cosas se suelen entender solo cuando el daño ya está hecho, y en poco tiempo se dio el cambiazo terminológico. Algunos propusieron hasta poner humanos y chimpancés en el mismo género zoológico. Otros se conformaron con que compartieran por lo menos la misma familia. Claro está que, a pesar de que todo el mundo sabía de qué iba la cosa, llamar a un chimpancé o a un gorila «homínido» cuesta un poco. Así que lo más sencillo fue simplemente esconder el término bajo la alfombra. La palabra «homínido», para referirse a los humanos y a sus linajes extintos, fue borrada de los escaparates académicos, y sustituida por «hominino». Con este cambio se limita nuestro grupo filogenético, más homogéneo y característico, a una subfamilia (en taxonomía, identificada con el sufijo *-inae*) o hasta a una tribu (*-ini*), dando por entendido que la familia es el rango superior, el cual incluye por lo menos «algunos» (sin especificar para no meterse en jardines) simios antropomorfos. Todo esto suena un poco raro en zoología, por dos razones. La primera es que entre los primates el «modelo biológico común» suele ser agrupado en el nivel taxonómico de la familia. Y, en este caso, no cabe duda de que un gorila y un ser humano no parecen ser alternativas diferentes de la misma idea. Segundo, estos detalles menudos en la nomenclatura no suenan muy serios, porque utilizar una taxonomía tan fina como el nivel de subfamilia o hasta de tribu requiere un conocimiento muy avanzado de la variabilidad evolutiva. En el caso de insectos u otros grupos zoológicos numerosos es más fácil porque hay más información y más variabilidad, pero en los humanos es casi imposible. Los pocos restos de los pocos fósiles de las pocas especies no dan garantías taxonómicas irrefutables. En paleoantropología es casi imposible conocer con suficiente confianza el nivel, mucho más grueso, de especie o de género, ¿cómo podemos pretender ir más adentro, hasta evaluar niveles mucho más borrosos como la subfamilia o la tribu? Solo lo podemos hacer de una forma: confesando que es una pura especulación basada en opiniones personales. Una sensación, una corazonada o un prejuicio.

Ahora bien, a pesar de estas incoherencias patentes, la gente no se hizo muchas preguntas y adoptó sin más los nuevos dogmas académicos. Curiosamente, la moda se expandió con una fuerza y una dinámica muy interesante, porque el uso de la nueva terminología se presentó como credencial de modernismo y popularidad: utilizar un nombre u otro revela si eres una joven promesa o un viejo carca, si eres «de los hunos» o «de los hotros». En algunos contextos editoriales si utilizas el término más reciente («hominino») no te preguntan nada, pero si utilizas el antiguo («homínido») te piden justificarlo y, a ser posible, cambiarlo. No hace mucho leí el artículo de un antropólogo muy competente que mencionaba la necesidad de algunos análisis sobre «homininos y hominoideos», es decir, utilizaba la subfamilia en boga para los humanos (homininos) y la superfamilia aún lícita para todos los simios antropomorfos (hominoideos), saltándose de modo patente el nivel intermedio de familia para no tener que pronunciar la palabra prohibida («homínidos»). Optó por evitar este término para no parecer obsoleto y para no desentonar con las modas académicas, pero al mismo tiempo evitaba también utilizarlo para un chimpancé, recurriendo al nivel taxonómico superior (la superfamilia, con el sufijo *-oidea*), a pesar de que esto conllevase manifiestamente el destierro cruel del grado taxonómico intermedio de toda la vida (homínido).

Este cambio en apariencia poco sensato en la nomenclatura corriente ha podido ocurrir, en mi opinión, por dos razones principales. En primer lugar, la competencia taxonómica. Los entomólogos trabajan con miles de especies de insectos, con lo cual necesariamente tienen que desarrollar un control muy competente sobre los principios de la clasificación. En cambio, los antropólogos trabajamos con un puñado de bichos, y un conocimiento fino de los criterios de la nomenclatura no es requisito esencial. Es decir, los antropólogos no controlamos el tema, y si la sociedad académica dicta un decreto sobre sistemática y taxonomía (por la razón que sea), lo aceptamos sin más. Cuando pregunto sobre el motivo de utilizar «hominino» en lugar de «homínido», en general me contestan que «porque la regla lo dice así», desconociendo que no existe ninguna regla. Algunos retoman el tema del porcentaje de genes en común, desconociendo que los rangos taxonómicos no tienen correlaciones o umbrales constantes con la distancia genética o biológica. Es decir, se repite el mantra, sin saber por qué.[27]

La segunda razón del éxito del «golpe» taxonómico se debe a sus escasas consecuencias. Los que trabajan con miles de especies

---

[27] Unos cuantos estudiantes, cuando he preguntado por qué utilizan esta nomenclatura, me han contestado: «Porque mi profesor me ha dicho que se dice así», delatando cierto componente desafortunadamente religioso de la ciencia o, por lo menos, de la enseñanza.

tienen que tener cuidado, porque cualquier cambiazo puede desbaratar el panorama igual que un terremoto. Pero en antropología, seamos sinceros, muchas veces llamar con un nombre u otro tampoco nos cambia la vida. Los demás cambios terminológicos son más una cuestión de opinión personal y geopolítica institucional porque, con tan pocas especies y tan poca información, las combinaciones y las perspectivas son muy escasas y todas igualmente posibles, en comparación con grupos taxonómicos mucho más numerosos.

Total, el *diktat* de la sociedad académica fue tomado al pie de la letra, un poco por desconocimiento general, un poco porque no cuesta nada quedar bien con la peña sencillamente cambiando un sufijo que ni nos va ni nos viene. A lo mejor algo sufren la lógica y el rigor científico, pero qué le vamos a hacer, el investigador a menudo necesita respaldo más que coherencia, y muchos siguen pensando que, como se suele decir, ¡es mejor vivir tranquilo que tener razón!

Ubi Homo minor cessat

Siempre hemos considerado al ser humano cumbre y colofón del proceso evolutivo. Ahora ya sabemos que las cosas no son precisamente así. Pero nada, nos cuesta mucho aceptarlo.

Todas las culturas y sociedades siempre han percibido que, en los tiempos remotos de sus orígenes, hubo cambios potentes y misteriosos. En nuestro caso, la hipótesis más probable sobre estos acontecimientos se llama teoría de la evolución, y su pilar es el principio de selección natural, que prima la capacidad reproductiva como valor absoluto para el éxito de un grupo o de un organismo. Esta teoría representa un fundamento de nuestra ciencia desde hace por lo menos un siglo y medio, se ha demostrado robusta y coherente, y ha sentado las bases de nuestra visión del mundo natural. A la hora de contar toda esta historia, los humanos siempre nos hemos puesto en un pedestal, siendo jueces de nuestro mismo proceso, así que las primeras iconografías de estos cambios se basaban en una línea recta que, después de un largo recorrido, culminaba en nuestra especie. La evolución se veía como un proceso gradual, lineal y progresivo. Gradual porque pasaba por todas las formas y etapas intermedias, lineal porque había un camino único y rectilíneo, y progresivo porque era un camino que iba desde criaturas imperfectas hasta formas cada vez más adaptadas. La cumbre de este proceso, por ende, teníamos que ser nosotros. Luego hemos descubierto que la evolución no siempre es gradual porque a veces cambia con rapidez, o que incluso las especies pueden sufrir variaciones discretas de su organización biológica. Tampoco es una evolución lineal, porque cada especie comparte antepasados con las otras, pero luego todas han emprendido un camino individual, paralelo a las demás, independiente. Así que no hay una línea, sino muchos, muchos linajes. Por fin, hemos entendido también que la evolución no progresa desde especies más malas hacia especies más buenas o «mejores». Todas las especies están adaptadas a su medioambiente, solo que luego este cambia por alguna razón y las especies tienen que cambiar con él, emigrando a lugares más apropiados o, si se quieren quedar, mudando sus estructuras y sus funciones. Y los cambios del medioambiente no siguen un esquema, van sin rumbo, a veces al azar, así que nada de progresión hacia una dirección específica o preestablecida. Fue de este modo como hemos pasado de la iconografía de una «línea» a representar la evolución como un «árbol», y finalmente, como un «arbusto». Claro está que, con estos cambios de perspectiva, nuestra posición de cumbre evolutiva empezaba a peligrar, por no decir que ya no aguantaba un pelo. Somos una especie muy particular, no cabe ninguna duda, pero, por lo menos a nivel del esquema filogenético, somos una especie entre un millón y medio de animales, un mamífero entre cuatro mil, un primate entre los trescientos y pico que habitan hoy este planeta.

Todo esto no es algo nuevo. Los paleontólogos empezaron a perfilar este escenario entre los años 50 y 60, y, en los 70, evolucionistas como Stephen Jay Gould[28] dejaron el tema bastante

[28] Stephen Jay Gould (Nueva York, 1941-2002) ha sido una referencia única y excepcional tanto en investigación como en divulgación. En el primer caso, recomiendo el libro *Ontogenia y filogenia*, una piedra angular de la biología evolutiva. En el segundo, el listado de libros es larguísimo, empezando por el mítico *La vida maravillosa*.

aclarado, a nivel teórico (los conceptos) y práctico (los ejemplos). Entonces, si ha pasado tanto tiempo desde que hemos cambiado esta perspectiva, ¿por qué seguimos encontrando todavía en museos y libros los esquemas lineales, graduales y progresivos de antaño, como si no hubiera existido medio siglo de investigación zoológica y evolutiva? La respuesta podría ser bastante sencilla, y basarse en dos aspectos. Primero, sinceramente, no nos gusta esta solución y, a pesar de todas las evidencias, queremos seguir representándonos como cumbre de la escala de la naturaleza, sí o sí. Incluso queremos defender esta perspectiva en nombre de la ciencia, pero, dado que la ciencia ya no la apoya desde hace décadas, presentamos una iconografía evolucionista con medio siglo de antigüedad para justificar nuestro sesgo cultural. Segundo, un esquema lineal, gradual y progresivo es mucho más sencillo de explicar. Entrar en detalles y explicar cómo están las cosas de verdad es mucho más complicado y difícil, y requiere un esfuerzo didáctico que no todos pueden o saben o quieren hacer. Muchas veces el objetivo principal de un museo es vender entradas, de un periódico vender entretenimiento, y de un divulgador caer en gracia al público, así que ¿por qué complicarse la vida?

Incluso dentro del mismo gremio científico, estudiantes e investigadores a menudo siguen utilizando los viejos esquemas lineales y progresivos, porque siempre lo han hecho, porque siempre se ha hecho, y la inercia cultural es un factor que afecta a la ciencia como a cualquier otro campo del saber. Claro está que todo esto se enfatiza aún más cuando hablamos de disciplinas que incluyen directamente al ser humano entre sus objetivos de estudio, como la antropología, la primatología o la neurociencia. Y si hablamos estrictamente de «árboles filogenéticos», es decir, de aquellos bonitos dibujos que posicionan las especies en un diagrama evolutivo, tenemos por lo menos tres tipos de sesgos gráficos que delatan nuestra percepción antropocéntrica y refuerzan (a estas alturas, de manera culpable) el falso mito de una evolución orientada al ser humano (véase la figura 4).

En primer lugar, en estos esquemas cuanto más nos acercamos a *Homo sapiens* a nivel zoológico, más se suelen afinar y etiquetar los grupos de clasificación del diagrama a un nivel más definido y reducido. Así que, por ejemplo, en un clásico esquema filogenético de los primates, tendemos a poner a todos los prosimios en el megagrupo prosimios (más de un centenar de especies), y a los monos de Sudamérica en otro grupo gigante y muy diversificado, los platirrinos (otro centenar y pico de especies). Luego, para los monos de África y Asia ya usamos el nivel más definido de superfamilia *Cercopithecoidea* (otro centenar y pico de especies), para los gibones y grandes simios detallamos el nivel de familia *Hylobatidae* (más de una docena de especies) y *Hominidae* o *Pongidae*[29] (una media docena de especies) y, para nuestra especie, la subfamilia *Homininae* o incluso el mismo género *Homo* (una sola especie). Es decir, en el mismo gráfico agrupamos las especies lejanas a la nuestra en etiquetas amplias y genéricas, y a medida que nos acercamos a nosotros, dilatamos la lupa taxonómica más y más. El resultado de este subterfugio es un esquema con dos sesgos. Por un lado, parece que nuestra especie ocupa un papel proporcionalmente mucho más determinante. Por otro, da la impresión de que nuestra especie es reciente, mientras que los otros grupos son más antiguos (por definición, una agrupación más general habrá evolucionado antes que sus subgrupos más específicos). En un árbol filogenético de los primates se podría hacer el mismo truco con cualquiera de las trescientas y pico especies de primates

---

[29]   Véase también el artículo «Yo Tarzán, tú Zira», en este mismo libro.

Figura 4. Nuestro egocentrismo evolutivo nos lleva a sesgar sutilmente los esquemas filoge-néticos que presentamos en artículos, libros y exposiciones, otorgando al ser humano una posición de «liderazgo» que, evidentemente, no tiene. Primero, utilizamos para los grupos más afines a los humanos una clasificación más detallada, indicando los géneros o las espe-cies, mientras que para los grupos más lejanos mencionamos niveles de agrupación mucho más generales. Segundo, orientamos las bifurcaciones de los árboles evolutivos (que por sí mismas no tienen una orientación preestablecida) de forma que los humanos acabamos a la derecha de la imagen, como si fuéramos un elemento final. Tercero, usamos frecuente-mente una iconografía que representa las especies en movimiento, orientadas hacia el ser humano, dando una sensación de «camino hacia». Todo esto, de forma insidiosa, transmite una sensación de progresión evolutiva de unas especies a otras, donde la etapa final somos, obviamente, nosotros.

vivientes, por ejemplo, ampliando el detalle de las etiquetas al acercarse al grupo de los calitrícidos, pequeños monos sudamericanos muy diversificados, y en este caso los humanos desaparecerían en un amontonado y primitivo grupo de monos afroasiáticos (los catarrinos), mientras que los titíes serían los primates más recientes y especializados. Pero la jugada no se hace nunca con los titíes o con los colobos, sino siempre y solo con *Homo sapiens*.

Un segundo truco antropocéntrico en las representaciones evolutivas es volcar todas las ramas de los esquemas evolutivos hacia el ser humano. Cuando uno dibuja una separación no hay derecha o izquierda, arriba o abajo. Una bifurcación se puede dibujar en ambos sentidos, con lo cual la decisión gráfica es totalmente subjetiva o convencional. Pero no, los árboles evolutivos siempre se dibujan poniendo a la derecha el grupo más afín a los humanos. Por ende, generamos la sensación de una progresión que se acerca a nuestra especie y acaba en ella. Si las bifurcaciones se orientaran al azar, se perdería la apariencia de orden progresivo hacia lo humano, pero nos dolería en el alma acabar dibujados entre babuinos y monos aulladores.

Y por último, el tercer sesgo en nuestros chanchullos filogenéticos, la verdadera guinda de las representaciones evolutivas: los iconos de las especies, que a menudo se representan «andando» en una dirección. No en una dirección cualquiera, claro, sino en la misma dirección a la que apuntan las etiquetas taxonómicas, y a la que se dirigen las orientaciones de las ramas: el ser humano. Todos nos siguen a nosotros, en un falso orden progresivo que respeta una supuesta (y profundamente incorrecta) secuencia de «primitividad».

Una imagen vale más que mil palabras, y si tengo que sesgar el mensaje, todo ayuda. La clasificación que afina las etiquetas hacia nuestra especie, las ramas orientadas hacia nosotros, los demás animales que nos siguen en este paseo hacia un desenlace futuro... Todas ellas son decisiones gráficas convencionales y subjetivas, pero que siempre acaban con las mismas elecciones que, mira tú por dónde, nos hacen parecer los reyes del mambo. Y no es suficiente confesar que, aunque sesgamos estas representaciones, sabemos de sobra cómo están las cosas, porque el problema no está solo en el fallo, sino sobre todo en sus consecuencias. Imágenes y lenguaje quizá no son un medio con el que expresamos nuestro pensamiento, sino que son las herramientas con las que lo forjamos. Y entonces, si sesgamos términos y representaciones, estamos sesgando nuestra forma de pensar.

Todas estas pequeñas astucias y trampas se deben a que queremos sentirnos parte de la naturaleza, pero marcando diferencias. No queremos ser parte del grupo: queremos encabezarlo. Y aunque sabemos que no es así, poco importa, porque la historia la cuentan los vencedores, y en este caso somos los únicos que tenemos el privilegio de poder contarla. Por lo menos a nosotros mismos.

Música, ciencia y otros cuartos de maravillas

La ciencia es un capricho obsesivo de la curiosidad.
El duende del conocimiento calienta y hasta quema
al que lo tiene dentro, pero para otros solo suena a superflua
dedicación hacia innecesarias inquietudes. Como la música.

En cuanto los europeos empezaron a vagabundear por todo el planeta descubriendo tierras lejanas y culturas ajenas la curiosidad rellenó sus baúles y sus salones en forma de plantas exóticas, animales desconocidos, rocas peculiares o utensilios extravagantes. Para sorprender, para fardar o por el fervor del conocer, algunos que tenían recursos se llevaron a casa toda clase de rarezas y singularidades, amontonando estos objetos extraordinarios en sus cuartos de maravillas llamados, con su incisiva fonética alemana, *wunderkammern* (véase la figura 5). Cuando la cosa se les escapó de las manos los llamaron «museos».

La curiosidad es un factor intrínseco de la naturaleza humana, aunque con diferentes medidas, patrones y grados. Sabemos que suele asociarse más bien a nuestras edades juveniles, y que se apaga con los años. También sabemos que afecta de forma distinta a las personas, desde los que se inmolan por ella hasta los que pasan

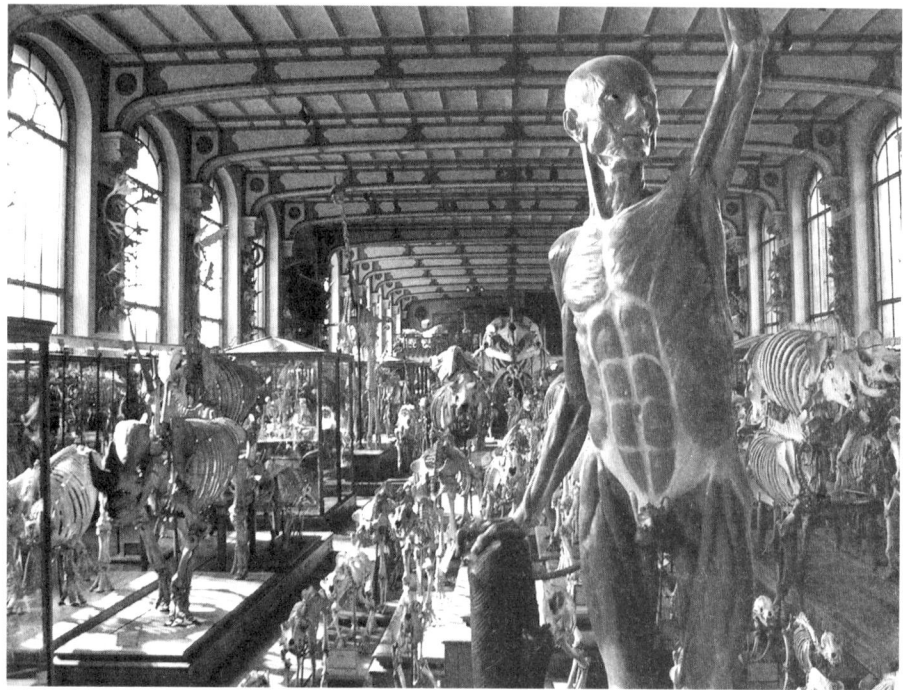

Figura 5. En los cuartos de maravillas se amontonaban cosas raras asociadas a las ciencias naturales y (sobre todo en las épocas coloniales) a los viajes por tierras lejanas. Al final, estos cuartos se ampliaron cada vez más, hasta que se empezaron a llamar «museos». Un museo integra (por lo menos en la teoría) colecciones (preservar), ciencia (investigar) y educación (divulgar). Sin embargo, sigue asociando a todo ello un importante factor emocional y «exótico». Esta imagen es del Museo de Anatomía Comparada de París, uno de los primeros y más antiguos museos de ciencias naturales, cuna de tanta historia y de tantas historias asociadas a nuestra cultura moderna. En esta sala, una de las principales, una horda de esqueletos sigue a un «general», único individuo que en lugar de mostrar sus huesos desnudos viste un uniforme de músculos (¡la fuerza!). Este líder, que con su brazo levantado incita a la horda a seguirle hacia la meta, es, evidentemente, el ser humano. Lo cual huele abiertamente a egocentrismo y a conflicto de intereses, sabiendo que quien ha organizado este escenario es, precisamente, un ser humano.

olímpicamente de cualquier estímulo. Sin contar con que alcanza objetivos de diferentes escalas, que van desde la estructura del universo hasta la vida privada del vecino. Esta diversidad lleva a entender e interpretar sus consecuencias, incluso la ciencia, de forma muy distinta. Por lo menos en teoría, quien se dedica a la ciencia debería tener cierto afán hacia el conocimiento de los mecanismos y de los procesos, una atracción hacia las preguntas, una pasión a veces insana hacia las respuestas. Si es verdad que los que trabajan en investigación no representan un promedio de curiosidad dentro de la variabilidad de la población, sino que son casos extremos, la consecuencia es sencilla y redonda: los demás los verán como seres inquietos que se hacen preguntas innecesarias. Y creo no equivocarme si digo que es una experiencia común de cualquier científico encontrarse en charlas de todo tipo con amigos y familiares que, con cara escéptica y preparada para no escuchar la respuesta, le preguntan: «¿Y esto para qué sirve saberlo?». Por desgracia creo que la respuesta es, en muchos casos, la misma que se suele dar para una poesía o una canción: «Si tengo que explicártelo, no creo que lo vayas a entender». Pero la ciencia tiene un componente lógico importante, con lo cual un esfuerzo de elucidación hay que hacerlo de todas formas, o por lo menos intentarlo. Acto seguido, empieza una explicación que remonta a otros factores que llevan de manera iterativa a la misma pregunta, moviendo el debate a una escala más general en un juego de *matrioskas* donde la pregunta recurrente (¿para qué sirve?) en realidad esconde una dificultad o hasta un rechazo a entender el objetivo principal: conocer. Las cosas como son, para muchas personas la curiosidad de averiguar un detalle de la vida privada del vecino es mucho más irresistible y motivadora que la curiosidad de sondear los confines del universo o los misterios de la mente humana.

El resultado de este sesgo, entre los que se hacen preguntas de mucha enjundia y los que pasan de ellas, afecta sensiblemente a la percepción social de la ciencia. Todos reconocen la importancia del conocimiento científico, pero una amplia parte de la sociedad piensa que muchas cuestiones que se plantean los investigadores son inquietudes infructuosas, un picor respetable pero no necesariamente útil a la existencia de los demás. Aunque en unos cuantos casos no digo que no sea cierto, en general sabemos que este picor es el que mueve los avances de nuestra cultura científica y técnica, y es muy difícil explicarlo a alguien con una piel tan curtida que ya no puede percibir este estímulo.

Sea como sea, todos reconocen la importancia de la ciencia, pero pocos están dispuestos a meterse en ella, o a entender sus razones. Reconocer la importancia de la ciencia se ve como un deber social (queda bastante feo afirmar lo contrario), pero ir más allá de un puro entretenimiento suena a muchos como extravagancia superflua. No es por casualidad que los museos de arte o historia suelan estar pensados para un público adulto, mientras que los museos científicos están ampliamente diseñados para un público joven o hasta infantil: la ciencia es fundamental, pero es cosa de críos.

Algo parecido pasa con la música.[30] Todos somos melómanos, y una afirmación contra la importancia de la música te puede tachar de bicho raro. Pero, realmente, ¿cuántos están dispuestos o interesados en meterse en ella? A todo el mundo (o casi) le gusta la música, pero pocos estudian un instrumento, que sería como decir que me gusta leer pero no quiero aprender a escribir. La música es, con toda probabilidad, la actividad cultural que más involucra a nuestro cerebro. El estudio y la ejecución musical

---

[30] He tenido a lo largo de muchos años un blog sobre música y antropología, *Quenántropo*. Aunque ya está cerrado, las entradas siguen estando disponibles en: www.quenantropo.wordpress.com.

representan el ejercicio y el entrenamiento supremo de nuestro sistema nervioso central: estructurar los patrones rítmicos, entender las combinaciones armónicas, seguir las variaciones melódicas, planear y recordar, coordinar cada sutil movimiento del cuerpo, integrar oído, vista y tacto y todo ello, a ser posible, metiéndole a la vez emoción y carácter.[31] Es muy difícil encontrar una actividad cognitiva que implique a más elementos o procesos de nuestros sistemas mentales. Además de involucrar a todo el cerebro, los efectos son bastante decisivos, y la práctica musical es capaz de «moldear» las redes neurales con una asombrosa contundencia. Si esto ya es interesante a nivel de diferencias individuales, imaginaos cuando se consideran las diferencias entre culturas, teniendo en cuenta que hay formas muy distintas de estructurar la música entre poblaciones humanas lejanas en el tiempo o en el espacio. Los componentes básicos de la música son ritmo, melodía y armonía, pero el peso relativo de estos tres elementos es muy diferente en cada sociedad, y cada cultura evoluciona una combinación particular de ellos, a menudo exaltando un aspecto a costa de los otros. El *ritmo* se refiere a la secuencia y a los patrones temporales, la *melodía* a la secuencia de las notas, y la *armonía* a sus combinaciones simultáneas, y está claro que cada uno de estos elementos requiere procesos neurales complementarios y entrena capacidades cognitivas diferentes. De hecho, a menudo la música de otras culturas nos parece «toda igual», porque no tenemos la capacidad de captar los matices de una composición acústica estructurada sobre patrones sensoriales que no son los nuestros. Todo esto neurobiólogos y psicólogos bien lo saben, y desde siempre los músicos han sido perfectas

---

[31] El libro *Musicofilia*, de Oliver Sacks, es un precioso compendio de relaciones entre música y cerebro.

cobayas para miles de experimentos neurocientíficos: o se comparan capacidades cognitivas entre músicos y no músicos, o en un mismo grupo de personas antes y después de un período de entrenamiento musical. El músico, hay que reconocerlo, es un ser anómalo, tal como el científico, ambos atrapados en sus cuartos de maravillas que todos admiran pero que casi nadie quiere compartir.

La ciencia nace de la necesidad de hacerse preguntas, de un afán por entender procesos y mecanismos, y de la afición de amontonar cosas raras en el salón de casa. Y todos reconocen este valor, siempre y cuando el salón sea de una casa ajena. El papel de la curiosidad por avivar la llama es fundamental, pero si la curiosidad es la fuerza de la ciencia, también es su límite, y en el contexto social la vincula a un rol de entretenimiento accesorio. Lo mismo pasa con la música, arte sagrado que más allá de sus duendes mágicos tiene que vivir al fin y al cabo de su contratación como solaz y pasatiempo. Igual que la ciencia, la música a menudo se interpreta con un debido y respetuoso alejamiento. Algo esencial y noble, pero donde los demás, aunque reconociendo el valor y desde luego evitando críticas impopulares, no se meten, disfrutando de su función de entretenimiento pero sospechando un exceso de compromiso, a no ser que haya razones profesionales y laborales de por medio, es decir, ganancia. En muchos países del norte de Europa la cosa se toma mucho más en serio, pero en general la cultura occidental asocia la música más bien a un rol de diversión social, lo mismo que a menudo ocurre con la divulgación científica. Como con la ciencia, también con la música lo que no tiene aplicación o ingreso económico se interpreta como picor innecesario. Al igual que en los museos científicos, también las academias musicales diseñan a menudo sus contenidos pensando en un público joven o infantil, es decir, apostando por aquellas edades en las que picores e inquietudes son más patentes y sobre todo más aceptados a nivel social.

Ciencia y música son actividades que involucran complejos procesos cognitivos, entrenan los mecanismos neurales y moldean nuestros cerebros en profundidad, cambiando nuestra forma de ver y sentir el mundo. Louis Pasteur[32] nos hizo notar que no existen las ciencias aplicadas, solo las aplicaciones de la ciencia. Y, como nos recordó la generación *beat*, muchas veces conformarse es la clave para ser infeliz. El resto es curiosidad.

---

[32] Dole, 1822-Marnes-la-Coquette, 1895.

Vagabundeos antropométricos

Correlación no quiere decir causalidad. Correlación no quiere decir
previsibilidad. Correlación no quiere decir prejuicio.
Correlación quiere solo decir, y en esto no cabe duda, correlación.

A menudo se dice que la ciencia busca la verdad, pero no es correcto, porque lo que busca en realidad son modelos de aquella supuesta verdad, modelos buenos, eficaces, y sobre todo útiles, que nos ayuden a indagar lo que pasa, lo que ha pasado y lo que pasará, transformando hechos en informaciones, y luego informaciones en conocimientos. La ciencia no explica, sino que interpreta, y no es lo mismo. Los filósofos no se ponen de acuerdo sobre si la verdad existe o no, pero Karl Popper[33] zanjó el problema diciendo que, aunque exista, no podremos nunca saber si la hemos alcanzado. Y esto es, a nivel práctico, lo que al fin y al cabo nos interesa a nosotros los investigadores. Formulamos explicaciones, que nunca podremos saber si están en lo cierto y en qué medida lo están. Por esto el verdadero objetivo de la ciencia es proponer, a la luz de las informaciones que tenemos, hipótesis sensatas que interpreten los hechos, y luego buscar más hechos que apoyen aquellas hipótesis, o, al revés, que las contrasten. Y así adelante y atrás,

---

[33] Viena, 1902-Londres, 1994.

descartando las hipótesis que no pasan la criba, y dejando, por el momento, las que no se consiguen derribar. La ciencia de la que habla Popper se funda, muy razonablemente, en una selección de ideas. Así que desarrollamos modelos, representaciones e interpretaciones de esta verdad, de esta realidad, esperando que acierten lo suficiente, y que por lo menos nos vengan bien para desarrollar un conocimiento decente de este universo, o de algunos de sus aspectos.

Claro está que todo ello sufre las limitaciones de nuestros sentidos: analizamos solo lo que podemos percibir o entender, con lo cual nuestra lupa está muy pero que muy sesgada. Al querer ser dialéctico, el mundo que percibimos es, ya por sí mismo, una representación, una versión postiza de lo real, pintada según criterios y códigos preestablecidos de nuestro cerebro, códigos que dan una forma convencional a algo que está ahí fuera y que nos abarca.[34] No existen de verdad los colores o los sonidos, e incluso espacio y tiempo son algo que entendemos solo en el marco de nuestras capacidades sensoriales y cognitivas. Pero es lo que hay, con lo cual, aunque no está mal hacerse preguntas que vayan más allá de nuestra percepción, luego, en el momento de investigar, necesariamente hay que intentar ser concretos.

Y lo más concreto que hay, en ciencia, son las medidas: los hechos se transforman en números, y los números apoyan o no apoyan la hipótesis que estoy intentando validar. De vez en cuando estos números responden con un sí o con un no, pero en general responden con un quizá, un tal vez, un en parte. Es decir, los números a menudo piden más números, para poder acercarse a una respuesta lo bastante estable. El hecho de trabajar con interpretaciones de la realidad puede parecer una debilidad, pero sin

[34]   Os recomiendo leer *Mente y materia*, un breve y excelente ensayo de Erwin Schrödinger.

embargo es la gran fuerza de la ciencia, precisamente porque no elimina posibilidades, sino porque valora cada interpretación a la luz de su probabilidad. El concepto de *probabilidad* es la clave del pensamiento científico, en contraposición con aquellas situaciones, como la religión o, por desgracia, la política, donde prima el concepto de *posibilidad*. Claro, porque la posibilidad no cierra puertas, sino que las deja casi todas abiertas, pues todo es, al fin y al cabo, posible. Incluso la filosofía, siguiendo el criterio de la lógica, se limita a considerar las combinaciones de pensamiento que son posibles, independientemente de si este camino luego llega o no llega a conclusiones. Tampoco hay que pensar que uno de estos dos principios es mejor o peor que los otros, y ciencia, filosofía o religión usan diferentes criterios solo porque tienen diferente objetivo. Pero en el caso de la ciencia, el concepto de probabilidad es el pilar: se recogen datos, que aumentan o disminuyen la probabilidad de que una cierta interpretación sea correcta o no.

Entre las muchas herramientas estadísticas de la ciencia está la *correlación*, es decir, se consideran dos variables, y se analiza si están relacionadas entre sí (véase la figura 6). Pongamos el ejemplo sencillo de estatura y peso: si la estatura de una persona aumenta, suponemos que aumentará su peso y, por ende, un individuo más alto será, en promedio, más pesado que alguien con su misma constitución física pero más bajo. En este caso, la estadística nos expresa tres cosas. La primera información nos dice si la correlación existe (o, mejor dicho, si es *probable* que exista). En nuestro ejemplo, nos diría si hay una correlación entre estatura y peso, o al revés si estos dos factores varían sin relación entre sí. Si no hay correlación quiere decir que las dos variables son independientes. Si en cambio la hay, significa que, cuando cambia una, tengo que esperarme cambios en la otra. En nuestro caso, sería

Longitud del cráneo

Figura 6. Uno de los fundamentos esenciales de la comparación (que a su vez es fundamento esencial de la ciencia) es la correlación, es decir, el estudio de las relaciones entre los fenómenos. En esta figura vemos la relación entre la longitud y la altura del cráneo (las «variables») en una muestra de humanos adultos. Cada individuo se representa con un punto en el gráfico, en función de su propia longitud y altura del cráneo (en milímetros). Primero, hay que considerar si esta relación existe o si, estadísticamente, es probable que exista. Segundo, si es que esta relación existe, el estudio de *correlación* nos dice cuán fuerte es esta relación. En este caso, por ejemplo, vemos que hay una relación patente (cuando aumenta una variable, aumenta también la otra), pero que tampoco es muy fuerte: sabiendo la longitud del cráneo de un

individuo, no se puede prever muy bien su altura. Tercero, si la relación existe y es efectiva, un estudio de *regresión* encuentra un modelo numérico (en este caso, una línea recta) que describe cómo se relacionan las dos variables, y nos permite analizar lo que pasa o lo que debería pasar. Por ejemplo, según esta relación, el individuo marcado con la flecha, cuya longitud del cráneo es de 172 milímetros, tiene un cráneo muy pero que muy alto, alrededor de 130 mm, cuando, según la regla común, sería previsible que tuviese un valor de alrededor de 125 mm. He sacado estos datos de la enorme base de datos de William W. Howells, que en los años 60 y 70 del siglo pasado recopiló una inmensa cantidad de medidas craneométricas de poblaciones de todo el planeta. Esta base de datos fue una de las primeras que, unas cuantas décadas después, se compartirían en internet, y sigue estando disponible en muchas páginas web. Howells fue también el primero que en antropología amplió el concepto de correlación: nuestro ejemplo considera solo dos variables, pero lo mismo se puede hacer analizando muchas más (ya sean decenas, cientos o miles) a la vez en un mismo espacio numérico. Es la que se llama *estadística multivariante*.

descubrir que realmente cuando cambia la estatura, hay también un cambio de peso. La probabilidad de que exista una relación entre dos aspectos se mide con el tradicional valor *p*, es decir, un valor de probabilidad. En este caso, la probabilidad, menor o mayor, de que pueda existir una correlación a la luz de los datos de que dispongo. Ahora bien, descubrir que existe una correlación no nos dice nada del mecanismo que genera esta asociación. Una de las dos variables (peso o estatura) puede ser causa de los cambios de la otra, o ambas pueden estar sujetas a cambios inducidos por un tercer factor común que no conocemos. Este principio, tan sencillo, no sé por qué luego en la cotidianidad científica no siempre se toma lo suficiente en consideración, y muchos piensan que, si descubro una correlación, entonces concluyo que una variable depende directamente de la otra, es decir, que el cambio de una causa el cambio de la otra. Pues no es así, y si bien la existencia de una correlación es un hecho fundamental, no implica una relación de causalidad directa entre los factores.

La segunda información de un estudio de correlación (si y solo si existe la correlación) nos dice cuán firme es esta correlación. Es decir, aunque exista la correlación entre dos variables, puede ser fuerte o débil. Y claro, esto hace la diferencia. Fuerte o débil, una vez más no es cuestión de todo o nada, sino una cuestión de grado. La fuerza de una correlación se mide con un parámetro R, «el coeficiente de correlación», que cuantifica la firmeza de la relación. Si es muy fuerte, conociendo uno de los dos valores (como la estatura) puedo llegar a prever con cierto margen el otro (el peso). En cambio, si la correlación es muy débil, aunque exista una relación, puede que no sea suficiente para predecir un aspecto en función del otro.

La tercera información es accesible con un estudio de regresión, y nos dice la regla que asocia las dos variables. En este caso hablamos de utilizar un modelo matemático para estimar la regla numérica que une las dos variables, es decir, cómo varía la una cuando cambia la otra. Si son dos variables biológicas, se supone que esta regla numérica puede esconder información biológica. Cabe decir que todo esto funciona mejor si la supuesta relación es lineal, y entonces una recta me vale para conocer la regla que une las dos variables (en este caso, los números útiles son los coeficientes matemáticos que describen esta recta). Si esta relación no sigue una línea recta, los estadísticos se saben muchos trucos para... enderezarla sin forzar demasiado el juego.

Como podéis imaginar, todo este paquete estadístico (probabilidad, correlación, regresión) vale para cualquier cosa: biología, medicina, economía, ingeniería, sociología, psicología... Si sospecho que dos variables van juntas (ya sean ciertas inversiones financieras y sus ganancias, o cierto recurso educativo y su entorno cultural), primero, paso por la p para saber si hay una relación, luego paso por la *R* para conocer la fuerza de la relación, y finalmente, llego a una ecuación que me desvela la regla escondida detrás de esta asociación. Esto me permite evaluar, estimar, predecir y, sobre todo, lo más importante en ciencia: comparar. Por ejemplo, comparar lo que pasa en grupos distintos para ver si hay diferencias. O comparar si un valor (digamos el peso de una persona) es el que uno se espera conociendo el otro (digamos la estatura), si se pasa por exceso (la persona es demasiado pesada para su estatura, según lo esperado por la regla común) o por defecto (la persona es demasiado delgada para su estatura, según lo esperado por la regla común). Cuando se aplican estos estudios numéricos a las formas anatómicas hablamos de *morfometría*, y cuando los aplicamos a la variabilidad de nuestra misma especie hablamos de *antropometría*, que es la medición del ser humano, de sus grupos y de sus cuerpos, de sus similitudes y de sus diferencias.[35]

En todo esto se sujetan por ejemplo los famosos índices de encefalización: se calcula cómo varía el tamaño cerebral al variar el peso del cuerpo, y luego se estima si una especie tiene un cerebro más grande o más pequeño de lo que supuestamente debería al tener un cuerpo de aquella talla. Por ejemplo se calculó que un ser humano tiene un cerebro tres veces más grande que un chimpancé o un gorila de su mismo tamaño corporal. Ahora claro, hay que decir que un cálculo como este depende de cuál es la muestra de comparación, de qué variables se han decidido utilizar, y de qué modelo matemático se ha decidido aplicar. Lo cual lleva a muchas alternativas y a infinitos debates, donde los bioestadísticos combaten a golpes de *p*s y de *R*s, arrojándose rectas y curvas

---

[35]   Quiero dedicar este artículo a Luigi Luca Cavalli-Sforza (Génova, 1922-Belluno, 2018), a su vida, a su memoria, y a todo lo que nos ha enseñado sobre la diversidad humana. Él nos ha contado, literalmente, quiénes somos.

sigmoides, y defendiéndose detrás de parámetros numéricos y coeficientes exponenciales.

Un caso particular son los estudios sobre las relaciones entre características anatómicas del cerebro y funciones cognitivas. El tamaño del cerebro (o de sus partes) siempre se ha intentado correlacionar con capacidades psicométricas,[36] culturales o económicas, buscando diferencias individuales, sexuales, raciales o sociales. El hecho de que se siga peleando sobre estos temas desde hace tanto tiempo sin llegar a un acuerdo sugiere que las cosas no son fáciles ni claras, y con toda probabilidad las respuestas tienen fronteras borrosas. Si hay diferencias entre grupos humanos, tienen que ser sutiles. En algunos casos, entre rasgos de la anatomía cerebral y del comportamiento puede haber una correlación (la probabilidad de que exista una relación es elevada), pero es una correlación muy floja (el famoso coeficiente de correlación es muy bajo). Es algo frecuente en biología, porque los caracteres biológicos están casi siempre bajo la influencia de muchos factores, muchísimos. Y cada uno de ellos entonces aportará una contribución distinta y parcial al resultado final. Pongamos que una cierta capacidad cognitiva está influenciada por la genética, la anatomía, una ráfaga de transmisores bioquímicos, la dieta, el sexo, la raza, el clima, el entorno cultural, el nivel educativo, un par de contaminantes industriales, un tipo de trauma infantil, y una buena dosis de azar. Además, quizá aquella misma capacidad mental dependa también de otras capacidades, a la vez influenciadas por otras cascadas de factores ajenos. Total, cada anillo de esta larga red de factores explicará solo una pequeña parte del resultado final, y la estadística nos dirá que sí, que hay una relación con

---

[36] La psicometría es la disciplina que cuantifica las diferentes habilidades cognitivas utilizando diversas pruebas.

cada uno de ellos, pero es muy débil. Y los que quieren hurgar en las diferencias se fijarán solo en la primera parte del resultado (hay una relación), mientras que los que las quieren negar se agarrarán a la segunda (la relación no es determinante). Como siempre, entre excesos, en el medio está la virtud, y no habría que obviar ninguna de las dos conclusiones. Que exista una cierta relación puede ser una información muy relevante a nivel biológico (por ejemplo, si queremos indagar los mecanismos o la evolución de aquellos rasgos), pero que sea débil nos dice que no podemos contar con ella para establecer o predecir con seriedad las capacidades de cada individuo. Es esta la situación en la que es probable que nos encontremos en la mayoría de los casos en que intentamos buscar correlaciones entre rasgos biológicos y cognitivos y, aunque pueden existir diferencias entre grupos, luego la variabilidad individual es tan compleja que se escapa a cualquier previsión. El valor del individuo no se puede estimar a partir del valor del grupo. Bueno, en efecto, por hacerse sí que se puede hacer pero, estadísticamente, el ejercicio tendrá más probabilidad de fracaso que de acierto. Ya sean personas o caballos, las apuestas siempre es mejor hacerlas a la luz de muchos datos distintos, y suelen valer más para los grandes números que para los casos sueltos. Cuando se trata de considerar cada individuo, sorpresas te da la vida, y en lugar de la estadística es casi mejor utilizar el sentido común: puede que fracase igual, pero te ahorrará tiempo y muchos, muchos cálculos.

Vitruvianos, talosianos
y otros monos cabezudos

*Veneramos a la diosa Inteligencia, pero con recelo, porque tenemos
mucho miedo de su cordura, que puede ser tajante y despiadada.*

Antropología y neurociencia están atrapadas en este bucle conceptual generado por ser los humanos sujetos y objetos del mismo estudio, perdidos en una circularidad donde la mente sondea la mente, el ser pensante reflexiona sobre el pensar, y el ojo intenta mirar por el otro lado de un espejo que, con el mismo propósito, le devuelve la mirada. Pero, aunque pueda generar algunos conflictos de interés, a veces no viene mal ser al mismo tiempo observador y observado. En este sentido, la antropología siempre ha tenido una ventaja sobre otras disciplinas: su objetivo (el ser humano) tiene una talla física muy cómoda, que se ajusta a la vida cotidiana y tecnológica del investigador. Quien trabaja con células o galaxias se tiene que apañar para ver algo que no se ve, manipular algo que no se toca o medir algo que está en una escala ajena a su realidad. Sobre todo, quien trabaja con algo más pequeño que un perro o más grande que un caballo tiene que inventarse herramientas adecuadas para llevar a cabo sus medidas. En cambio, nuestra realidad diaria está diseñada para los seres humanos, y entonces es perfecta para desarrollar estudios sobre algo de su mismo tamaño, que somos nosotros mismos. No en vano, los antropólogos siempre han sido pioneros en técnicas y métodos, un poco porque les gusta vagabundear entre disciplinas, un poco porque son inquietos y curiosos, un poco porque lo han tenido más fácil, indagando sobre algo que encaja perfectamente con espacios y tecnologías habituales. Se puede hacer antropología con herramientas tomadas en préstamo de donde sea, y los ejemplos van desde el metro del sastre hasta la tomografía computarizada del hospital más cercano o desde la báscula del baño hasta la cinta para correr del gimnasio. Con insectos, células o galaxias, las cosas hay que diseñarlas adrede, justificando con antelación la inversión tecnológica y enredándose en problemas técnicos desconocidos. En fin, todo ello nos lleva a la *antropometría*, la medición del ser humano, un ser que, como en el famoso *Hombre de Vitruvio* de Leonardo, es explorador de un espacio donde se usa a sí mismo como unidad de medida, y, por supuesto, como criterio de comparación.

La medición ha sido desde siempre la base de la investigación, pero en antropología tenemos que esperar al siglo XVIII para que el afán de medir se incorpore definitivamente a los principios básicos de la disciplina. Desde entonces hemos intentado medir todo lo que atañe a nuestras características personales, a veces con resultados increíbles, a veces perdiéndonos en cábalas numéricas que solo han generado dolor de cabeza, mitos y leyendas. Lo más directo es medir el cuerpo, pero nos hemos otorgado la medalla del ser sapiente, y no es de extrañar que desde los primeros pasos de la antropometría alguien intentara medir también nuestras capacidades cognitivas. Los frenólogos intentaban predecir comportamientos y habilidades a través de la anatomía del cerebro, y la psicología experimental indagaba las capacidades sensoriales, perceptivas y mentales de las diferentes poblaciones y razas, intentando descodificar las bases comportamentales de la diversidad humana. La psicometría hoy en día diseña tests o pruebas para intentar cuantificar los diferentes aspectos de la cognición y del comportamiento, para comparar grupos, evaluar potencialidades y limitaciones de cada uno, e investigar correlaciones de las capacidades cognitivas (tales como las mnemónicas, espaciales, lingüísticas, matemáticas) con factores internos (la biología) y externos (la cultura).

En este sentido, la sociedad humana desde siempre ha conferido el valor supremo a algo que llamamos «inteligencia», y esto es algo curioso, considerando que no tenemos ni idea de lo que es. Definiciones hay muchas,[37] estudios hay muchísimos, pero queda claro que estamos hablando de un concepto que es muy subjetivo, que no puede tener una medición rigurosa, y que además cambia sensiblemente en el tiempo (en diferentes épocas históricas) y en el espacio (entre culturas diferentes). Su interpretación y su valoración dependen de manera importante del contexto y de los objetivos. Es decir, dividimos desde siempre el mundo en listos y tontos, en función de un criterio que ni siquiera tiene una definición clara.

En realidad, habría una forma de medir la inteligencia, aunque no pasa por la biología. En su breve pero iluminador libro *Allegro ma non troppo* [Las leyes fundamentales de la estupidez humana],

---

[37] Algunos piensan que se trata de una «habilidad cognitiva» específica; otros, que es la capacidad de coordinar entre sí las demás habilidades (espacial, mnemónica, lingüística, etc.); otros, que no es más que una de ellas, muy poderosa (como la atención o la velocidad mental), y otros que no es nada, en el sentido de que no existe una inteligencia, sino más formas de inteligencia, varias combinaciones que no se pueden identificar como un único factor. Véase también el artículo «¡A lo tonto!», en este mismo libro.

Carlo Cipolla[38] define a los inteligentes como personas que logran hacerse bien a sí mismas haciendo, al mismo tiempo, bien a los demás. Las otras tres categorías son los incautos o mártires (que se dañan a sí mismos para hacer bien a los otros), los malvados o ladrones (que dañan a los demás en beneficio propio), y los estúpidos (que se perjudican a sí mismos a la vez que perjudican a la sociedad) (véase la figura 7). En realidad, muchas veces el ladrón y el incauto logran algo a corto plazo, pero no beneficios a largo plazo, con lo cual es posible que el esquema de Cipolla, si lo vemos en perspectiva, se pueda simplificar dejando solo dos categorías. De hecho, incluso el ladrón, si es inteligente de verdad, entiende que como parásito es mejor evolucionar, en una simbiosis que potencie los recursos de sus huéspedes y aumente sus ingresos energéticos para poder chupar más del bote y no matarlos, ya que ello cortaría el grifo de su propio sustento (la velada crítica a la política y a sus gestores es intencionadamente casual).

Más allá de lo que parece recomendar el sentido común, hoy en día tenemos muchas herramientas para trabajar con el concepto de inteligencia a nivel estadístico y antropométrico, y un sinfín de estudios con muchos números y conclusiones. Si bien hemos de recordar que todo está sujeto a convenciones y definiciones, pruebas y tareas específicas diseñadas para simplificar el complejo comportamiento humano, fórmulas algebraicas que siguen criterios formales, y muestras más o menos grandes, aunque nunca tan grandes como para abarcar la asombrosa variabilidad de nuestra universal y polifacética especie. En muchos casos no hemos logrado identificar factores biológicos (anatomía, fisiología, genes) determinantes para cazar las claves de esta indefinible inteligencia. En otros casos sí que hemos encontrado factores

---

[38] Pavía, 1922-2000.

Figura 7. El gráfico de Carlo Cipolla considera el bien que uno se hace a sí mismo y el bien que uno hace a los demás. Los cuatro cuadrantes incluyen entonces a los incautos, los inteligentes, los malvados, y los estúpidos. En realidad, estas categorías se pueden aplicar tanto a los comportamientos como a los individuos (considerando su comportamiento promedio). Los estúpidos son el gran problema de la humanidad porque, dañan al sistema sin ser previsibles, porque no actúan según un criterio o un principio lógico. Queda la gran duda de establecer, en la vida real, cuál es la distribución de la población humana entre las cuatro categorías. Que cada uno haga sus valoraciones y, en función del resultado, ¡decida sus propias estrategias a la hora de vivir en un planeta con ocho mil millones de individuos!

probablemente involucrados, si bien generan «tendencias», más que reglas. Es decir, delatan un sustrato biológico, aunque parcial, insuficiente para contar toda la historia. Muchas evidencias sugieren que unas cuantas funciones del cerebro sencillamente varían en proporción al número de neuronas, aunque luego no parece que haya acuerdo sobre si esto se asocia a más o mejores habilidades. También se sabe que hay cierta correlación entre algunas dimensiones cerebrales y la puntuación de algunas pruebas psicométricas, y cuando la hay, en general explica solo un 20 % del resultado. Esto quiere decir que, incluso cuando el 20 % de las respuestas psicométricas se deben, por ejemplo, a ciertos factores biológicos, el restante 80 % se debe a «otros factores», ya sea personales, individuales, idiosincráticos, quizá culturales, a veces casuales, que hacen de cada persona un mundo aparte.

Lo más sugestivo de todo esto es que, aparte de conferir el valor máximo de nuestra capacidad cognitiva a un concepto que no sabemos cómo definir o como localizar, además le tenemos cierto miedo e incluso cierta intolerancia, lo cual, además de raro, suena también algo hipócrita. Siempre hemos tenido cierto conflicto con lo que llamamos «inteligencia», una situación de amor y odio, donde reconocemos su valor soberano pero a la vez desconfiamos de sus excesos. Un exceso de estupidez pasa a menudo desapercibido, excusado o tolerado, mientras que un exceso de agudeza se paga a menudo con aislamiento y sospecha, y en muchos casos se ha pagado incluso con la muerte. El genio se queda genio mientras sale rentable a los que no lo son, pero si no se puede sacar tajada de él, entonces no se tarda nada en cambiarle la etiqueta por la de loco, lo cual delata una frontera borrosa y contingente entre locura y sabiduría. La inteligencia es el valor supremo, pero te puede poner en apuros y, cuando esto pasa, lo que te aconsejan es... ¡hacerse el tonto! Es una situación paradójica y confusa donde, aunque el ser humano presume de animal sesudo, luego interpreta un exceso de lógica como una pérdida de humanidad. Juicio y sensatez nos hacen humanos, pero es opinión común que en dosis excesivas nos hacen perder la misma humanidad que nos han otorgado. Es decir, el nivel de «humano», precisa una «cierta dosis» de capacidad mental, que no hay que pasar ni por defecto ni por exceso si no se quiere perder la afiliación a la tribu. Y esto porque, aunque fardamos de raciocinio, a la vez tenemos mucho miedo a sus consecuencias. Glorificamos y exaltamos la inteligencia cuando estamos arriba en el púlpito, pero luego, en lo cotidiano, exigimos niveles de juicio, agudeza y coherencia mucho más moderados, por no tener que confesar culpas y limitaciones de una especie que, a pesar de su inversión evolutiva en la capacidad de razonar y de pensar, al fin y al cabo sigue siendo un simio más, con todos sus instintos y sus debilidades. No hace falta hurgar en los muchos casos en que nuestra sociedad, alabando la inteligencia como valor indiscutible, luego promociona, apoya y defiende modelos y ejemplos de éxito que se alejan de modo patente de ella.

En el episodio piloto de *Star Trek*, los talosianos, humanoides hipermentales con grandes frentes abultadas y de frágil corpulencia, necesitan esclavos humanos para recuperar su desastrosa sociedad, aunque finalmente deciden recular por ser estos terrestres demasiado violentos. No sabemos qué ha sido de aquel planeta, pero sí que el episodio no tuvo éxito con los productores de la serie, que la rechazaron por ser, paradójicamente, demasiado «cerebral». Los alienígenas de todas las épocas, proyecciones subconscientes de nuestros miedos e incertidumbres, nuestros otros-yo futuristas y evolucionados, delatan nuestra desconfianza hacia una excesiva masa neuronal. Frente a sus bulbosas cabezas hinchadas por un macrocerebro hipertrófico y superanalítico, en nuestros guiones siempre acaban mal, a veces por insensibles y codiciosos, a veces por haberse cargado, a pesar de su gloriosa superioridad intelectual, sus hermosos planetas. Entonces, según una larga y firme estadística de películas de ciencia ficción, un gran cerebro conlleva una pérdida de valores humanos, y casi seguro que está correlacionado con la extinción. Oído cocina, terrícolas, que por fardar de ser tan listos acabaréis siendo vosotros mismos, antes o después, ¡vuestro mayor peligro!

Paleogüija

Indagar en las capacidades cognitivas de una especie extinta tiene el molesto inconveniente de que la especie ya no existe. Vaya. Hay quienes tiran la toalla y quienes la usan como mantel para charlas de café. Entre fuerte y flojo, la ciencia sugiere buscar pruebas, aunque solo sea para acercarse a una interpretación decorosa, y sobre todo útil, de la evolución de nuestra mente.

Los paleoantropólogos que trabajan con seres petrificados en la burbuja geológica del tiempo, así como los antropólogos forenses con sus restos humanos que no descansan en paz, o los arqueólogos con sus culturas desaparecidas, al fin y al cabo tienen algo en común con los espiritistas: su último objetivo es conseguir que hablen los muertos. Que nos digan algo, que nos entreguen informaciones, que nos desvelen secretos. Y los muertos se sabe que son parcos en palabras, guardan sus historias con recelo, y hay que entregarse en cuerpo y (nunca mejor dicho) alma para convencerlos de que suelten algún detalle importante.

Ahora bien, hay que recordar que aunque todo el mundo busca respuestas, la ciencia en general tiene mucho más que ver con las preguntas. Saber buscar la pregunta adecuada, formularla con propiedad y con método, es quizá el primer gran reto de un investigador. En paleontología, cuando quedan huesos (o, mejor dicho, sus moldes de piedra) está claro que las preguntas más directas atañen a cuestiones anatómicas. Y ya la cosa no es sencilla, porque solo queda el esqueleto. Y tampoco todo el esqueleto, sino solo algunos elementos, y a menudo solo sus fragmentos. Y además, de pocos individuos, así que no representan necesariamente a todas aquellas especies y poblaciones que han vivido a lo largo de cientos de miles de años sobre un territorio extendido por dos o tres continentes. En fin, realmente poca cosa, y hay que tener mucha cautela o, para los que suelen aprovecharse del filón, echarle bastante fantasía.

Si queremos investigar algo más general que la anatomía, como biología y evolución, el asunto es todavía más complicado, porque hay que apoyarse en muchas inferencias que solo podemos suponer, pero no evaluar directamente. Y si además queremos indagar en los procesos cognitivos con estos mismos restos humanos, está claro que hay que moverse con cuidado, pues es un desierto de información lleno de arenas movedizas y espejismos embaucadores. Si hasta los procesos cognitivos de nuestra propia especie todavía son una caja negra oculta y misteriosa, a pesar de los esfuerzos y de los recursos que hemos dedicado a sus pesquisas, ¿qué sentido tiene investigar los mismos procesos en especies que ya ni siquiera existen? De ahí las dos posiciones más frecuentes: la renuncia o la especulación.

La estrategia de la renuncia está clara: es inútil hacerse preguntas sobre temas que no pueden tener respuestas. Es la estrategia quizá más avalada en los sectores más reduccionistas e integristas de la biología, donde células y moléculas representan la principal frontera del conocimiento. Duele reconocer que, a pesar de los increíbles avances en estos campos, sus éxitos en temas cognitivos siguen siendo bastante limitados. La descomposición de la realidad en sus partes mínimas puede ayudar a desvelar los mecanismos, pero no el proceso, que, en cambio, necesita una perspectiva de integración, y no de disección, pues tiene que ver con las relaciones y no con las partes. En los casos más extremos, la renuncia no se limita a una falta de interés, sino a un rechazo emocional y contundente que lleva a proscribir y condenar a un ostracismo severo cualquier intento de poner el tema encima de la mesa de la ciencia, no reconociéndole la dignidad para cumplir con semejante honor.

El otro extremo, la especulación, curiosamente se basa en el mismo principio del otro bando, es decir, la aceptación de la imposibilidad de alcanzar respuestas ciertas, pero llegando a una conclusión opuesta: dado que no se puede investigar el proceso cognitivo en las especies extintas con las herramientas de la ciencia, hay que hacerlo con las de la lógica. Es una aproximación avalada por las disciplinas humanistas, sobre todo la filosofía, y generalmente el apoyo más frecuente de la arqueología o la sociología. En este caso el debate se mueve en un espacio de conceptos, de definiciones, de formalismos, inducción y deducción, en un laberinto de términos y de muchos «entonces» lógicos que, no teniendo el vínculo científico de la validación, pueden llevar a cualquier lugar, o a todos sus contrarios. El formalismo lógico es un pilar del conocimiento, no cabe duda, pero ya sabemos sus límites. Primero, por su misma definición está enjaulado en la severa mordaza de la pureza de los conceptos y de los vínculos del lenguaje. La ciencia busca interpretaciones adecuadas (y sobre todo útiles) de la realidad, mientras que la filosofía valora mucho más la estructura formal y la estabilidad teórica. La complejidad conceptual de los procesos cognitivos ha llevado muchas veces la teoría a callejones sin salida, a contradicciones y a paradojas, a nudos conceptuales que no se consiguen desenredar y que, por tanto, en el nombre de un formalismo rígido e integrista, no permiten avanzar y no aceptan aproximaciones o soluciones más pragmáticas. Esto a menudo lleva el debate a una condición de inmovilismo y de rechazo de cualquier propuesta que no cumpla con los rigores de los conceptos y de las definiciones. Dicho sea de paso, aunque se encontrase la forma de salir de estos asedios, sería para seguir moviéndose de un contexto teórico a otro igualmente teórico, dejando abierta la cuestión sobre los objetivos reales de este camino.

El segundo límite es el de siempre: si la teoría no necesita validación ni cuantificación ni prueba experimental, las hipótesis (fundadas sobre el concepto de probabilidad) no sirven, y se sustituyen por opiniones (fundadas sobre el concepto de posibilidad). Por ende, todas las alternativas tienen el mismo derecho a existir y a defenderse, perdiendo capacidad de selección de las propuestas. Aceptando todo lo que es posible y no solo que lo que sea probable, el debate se estanca con poca capacidad de confrontación y muchas barricadas, cada una con sus defensores y sus detractores envejeciendo detrás de ellas.

En los últimos años se han desarrollado campos, como la arqueología cognitiva, que intenta interpretar las evidencias arqueológicas en función de las teorías psicológicas y neuropsiquiátricas, o la neuroarqueología, que analiza con las técnicas de la neurociencia los mecanismos neurales y cognitivos detrás de aquellos comportamientos asociados a la evidencia arqueológica. Son campos con limitaciones patentes, pero no debería de hacer falta recordar que todos los retos científicos lo son. Los restos son fragmentarios, las pruebas son parciales, y la respuesta fisiológica de un cerebro moderno a un cierto estímulo puede que no sea la misma que la de un cerebro neandertal. Pero si decidimos lidiar solo con los caminos que son ciertos y no presentan incertidumbres ni riesgos, estamos sencillamente negando la misma naturaleza de la ciencia.

Las pruebas directas (como huesos o herramientas) proporcionan poca información, pero es la más sincera y precisa que tenemos. Las pruebas indirectas (estudios sobre especies vivientes o experimentos en situaciones parecidas o afines a las que se quiere investigar) pueden aportar muchos más datos, aunque hay que tomarlos con mucha más cautela porque se basan en afinidades que no son ciertas. Pero de esto se trata: acumular informaciones y conocimiento para proporcionar hipótesis sensatas, que puedan ofrecer una interpretación adecuada y útil de lo que podemos observar, dentro de nuestros límites y de nuestros sesgos.

Y esto se puede hacer intentando cumplir por lo menos con cuatro objetivos. Primero, las hipótesis tienen que apoyarse necesariamente en una perspectiva multidisciplinar. Esto quiere decir que personas con competencias diferentes tienen que ocuparse de un tema común, y no (como en general se malinterpreta el concepto) que una misma persona se ocupe de muchos temas diferentes, cayendo en una todología que resulta en la mayoría de los casos infructuosa y buena para los salones de té, pero a menudo no muy efectiva a la hora de llegar a soluciones. Segundo, las hipótesis se llaman así porque, a diferencia de las opiniones, pueden y deben ser evaluadas, y esto pasa de manera inevitable a través de un factor esencial: la cuantificación. Para evaluar según un criterio común y, en lo posible, objetivo, necesitamos transformar las observaciones en algo comparable, y para ser comparable tiene que ser medible. Tercero, es bastante inútil investigar en seres extintos caracteres y procesos que no son bien conocidos en nuestra misma especie. Es decir, antes de investigar un rasgo o un proceso en cuatro huesos rotos, es aconsejable hacerlo en la mejor muestra que tenemos: ocho mil millones de seres vivos. Esto mejora la potencia estadística, y de paso permite llegar a descubrir algo que pueda mejorar la calidad de nuestra vida que, con todo el respeto para los neandertales, tiene prioridad sobre muchas inquietudes prehistóricas. Cuarto, las muchas incertidumbres y la extrema complejidad de estos asuntos requieren pruebas y convergencia de resultados desde perspectivas distintas. Es decir, más que en otros sectores sería mejor evitar llegar a conclusiones en función de una evidencia específica y puntual, y hay que buscar respaldos en evidencias múltiples e independientes.

Necesitamos el reduccionismo de las células y de las moléculas para desvelar los mecanismos del proceso. Necesitamos el formalismo de la filosofía para enmarcar la búsqueda dentro de una estructura fuerte y de una perspectiva que vaya más allá de los límites de la evidencia. Pero necesitamos también el método experimental para moldear nuestras propuestas en función de lo que nos está permitido observar. Todo ello con el objetivo de indagar un proceso increíblemente complejo que llamamos «mente». Y todo ello con el único fin no tanto de encontrar la verdad, sino por lo menos de acercarnos a ella de forma sensata, útil y coherente, excluyendo las hipótesis equivocadas más que persiguiendo la utopía de encontrar aquella única que sea cierta.

Los datos, en ciencia, no se explican: se interpretan. Y no sabiendo a dónde vamos, el camino solo se puede hacer por exclusión de aquellas direcciones que no aciertan. Aunque puede que exista la verdad, lo que desde luego no puede existir es la seguridad de haberla alcanzado. Feliz cumpleaños, doctor Popper.[39]

---

[39] Este artículo se publicó un 28 de julio, fecha de nacimiento de Karl Popper (Viena 1902-Londres 1994).

Oda para un cerebro

*Casi como espiritistas, los paleontólogos preguntan a los muertos
para enlazar presente y pasado. Pero, antes o después, a los vivos
les faltará tiempo, mientras que a los fósiles siempre les sobrará.*

En los años cuarenta del siglo pasado, Emanuel Vlček,[40] un desta-
cado antropólogo checo, estudiaba el molde de la cavidad craneal
de Gánovce,[41] hallado dos décadas antes en una poza termal en
Eslovaquia. El sedimento había rellenado el cráneo de un
neandertal que había vivido hacía cien mil años y se había endu-
recido, de manera que había llegado a reproducir la forma de su
cerebro.[42] Luego, el cráneo se había ido perdiendo a lo largo de los
milenios, pero el molde mineral de su encéfalo se había quedado
guardado en las entrañas de la tierra, hasta acabar en las manos
de los antropólogos del Museo Nacional de Praga. Emanuel Vlček
hizo un excelente trabajo por aquel entonces, con análisis geométricos, bioquímicos y radiográficos, que desvelaron la naturaleza

[40]   Rožmitál pod Třemšínem 1925-Praga, 2006.

[41]   Gánovce es un pueblo en la región de Prešov, Eslovaquia.

[42]   Los moldes de la cavidad endocraneal se llaman en inglés *endocasts*, y se suelen reconstruir
físicamente con resinas o digitalmente con métodos de imágenes biomédicas, para estudiar la
morfología del cerebro a partir del cráneo, sobre todo en especies extintas. Muy raramente, como
en este caso, la matriz geológica forma moldes endocraneales naturales.

neandertal de aquel molde natural. Sin embargo, los demás estudios se publicaron en idiomas centroeuropeos, y el fósil se quedó bastante olvidado hasta que el inglés se instauró como lengua propia de la ciencia. En los años sesenta, en un congreso de antropología en París, Vlček entregó una copia artificial del molde a Sergio Sergi,[43] catedrático de Paleontología Humana en Roma y editor de la *Revista Italiana de Antropología*,[44] fundada por su padre, Giuseppe Sergi.[45] Sergio Sergi había dedicado gran parte de sus estudios a los dos cráneos neandertales de Saccopastore, hallados en Roma en los mismos años que el de Gánovce y con una datación bastante parecida. Sergi, que tenía más de ochenta años en la época de aquel congreso en París, apuntó debajo del molde fecha, lugar y procedencia de la copia que le regaló Vlček, y lo dejó en la colección de moldes endocraneales del museo antropológico de la universidad, también fundado por su padre Giuseppe. Y allí se quedó hasta que, en los años ochenta, Giorgio Manzi, un joven investigador recién llegado al museo, empezó a ordenar aquellas colecciones y, a finales de los años noventa, propuso a un servidor una tesis doctoral sobre el estudio neuroanatómico de aquellos moldes cerebrales. La tesis fue bastante pionera, porque por primera vez integró la paleoneurología (el estudio del cerebro en las especies fósiles) con la anatomía digital (las reconstrucciones computarizadas de cráneos y cerebros) y la morfometría geométrica (el estudio de la forma a través de modelos geométricos y espaciales). Pero, mira tú por dónde, el único molde que se quedó fuera del estudio fue precisamente el de Gánovce. Primero,

---

[43] Messina, 1878-Roma, 1972.

[44] Hoy en día *Journal of Anthropological Sciences*, publicada por el *Istituto Italiano di Antropología*, Roma.

[45] Messina, 1841-Roma, 1936.

porque no había suficiente información disponible, y segundo, porque, si bien el molde está muy completo, su superficie es muy irregular, debido a la acción del desgaste geológico. Pero, cuando el universo obra, hay que dejarle sus tiempos. Y, casi veinte años después, una colaboración en anatomía vascular me llevó a conocer a Petr Velemínský, sucesor actual de Emanuel Vlček en Praga. Petr me enseñó el molde original de Gánovce, yo reconocí aquel patito feo dejado desatendido en los tiempos de mi tesis, y decidimos publicar juntos un breve artículo para sacarlo de las barreras lingüísticas y del olvido académico. Este nuevo estudio se ha publicado finalmente en la versión actual (internacional y en inglés) de la *Revista Italiana de Antropología*,[46] la misma que fundó el padre de Sergio Sergi, y editada por el mismo Sergio a lo largo de décadas. Un raro círculo de fósiles y paleoantropólogos cerrado, sin prisa, en un siglo.

Ara Malikian[47] nos hizo notar que la vida promedio de un violín es de cientos de años, mientras que la de un violinista solo alcanza unas pocas décadas. Por ende, para los que tocamos, resulta bastante ingenuo pensar que aquellos son «nuestros instrumentos», más bien somos nosotros sus momentáneos y pasajeros músicos. Algo parecido pasa con muchos objetos cotidianos, que tienen un tiempo de vida útil mucho más largo que sus supuestos dueños. Y, claro está, la misma relación la tenemos con los fósiles. Un fósil no es realmente lo que queda de un individuo, sino el molde mineral de algunos de sus tejidos. La matriz geológica ha empapado el hueso, luego el hueso se ha perdido, y queda su molde

---

[46] Eisová S., Velemínský P. y Bruner E., 2019. «The Neanderthal endocast from Gánovce (Poprad, Slovak Republic)». *Journal of Anthropological Sciences* 97: 139-149. Junto al artículo de estudio, publicamos también uno histórico: Bruner E., Di Vincenzo F. y Manzi G., 2019. «The circle of Gánovce: natural history of an endocast». *Journal of Anthropological Sciences* 97: 135-138. Estos artículos se pueden descargar gratuitamente desde la página web de la revista.

[47] Ara Malikian (Beirut, 1968) es un increíble violinista libanés, residente en España.

formado por los minerales que han permeado sus microscópicos andamios. Es como una escultura forjada dentro del entramado de un tejido que ya no existe. Y esto caracteriza mucho el campo de la paleoantropología, única disciplina científica que, de forma similar a muchas disciplinas humanísticas o a las artes plásticas, se funda en la existencia de objetos específicos, elementos físicos que polarizan en sí mismos el valor y la atención. Como si fuera un cuadro renacentista, el fósil acarrea las publicaciones, las financiaciones, los medios de comunicación, el peso de las instituciones, y toda una larga serie de variables y parámetros fundamentales a la hora de decidir quién escribe la historia, y sobre todo, quién no la va a escribir nunca. Si se mueve el fósil, todos aquellos factores, reales y conceptuales, se mueven con él. Si cambia de dueño, el nuevo poseedor recibirá todos aquellos recursos y todas aquellas responsabilidades.[48]

Desde luego, esto es algo peculiar para la ciencia, que se supone debería primar el valor de las personas y de sus ideas, y no el valor de sus pertenencias. Pero así es, y siempre ha sido así, con todas las consecuencias que esto conlleva, que incluyen una larga serie de conflictos de intereses, enfrentamientos personales y competiciones institucionales. Este vínculo con el objeto ha generado una constante fiebre del oro en busca del fósil más antiguo, del más importante o del más peculiar, para poder hacerse con un buen trozo del mercado, y de todas las ventajas que esto puede aportar.

---

[48] Os invito a leer el artículo «Evolución humana, demasiado humana», en la revista *Mercurio*, disponible en internet. También os sugiero el libro *Los cazadores de dinosaurios*, de Deborah Cadbury, para entender la importancia de los fósiles en la paleontología a través de las historias personales de sus figurantes. Otro libro muy bueno es *El mito de Atapuerca*, de Oliver Hochadel, un análisis histórico muy interesante del caso estudio más famoso de España.

Pero son ventajas efímeras, por lo menos frente a los ojos del tiempo. Somos la única especie animal que recoge fósiles por ahí, y además es algo que estamos haciendo sistemáticamente solo en los dos últimos siglos de doscientos mil años de evolución. Así que puede que sea una actividad pasajera, y que tarde o temprano estos moldes de piedra vuelvan a ser esculturas agrietadas y silenciosas en el flujo de la historia. Hay que considerar que los fósiles duran cientos de miles de años y los paleoantropólogos no. Con lo cual hay que asumir que el verdadero actor de esta comedia no somos nosotros, sino ellos. Estos solo son puntos de conexión entre distintas épocas, son los encargados de recibir y entregar el precioso paquete y, mientras tanto, de custodiarlo oportunamente. Al fin y al cabo, con la paleontología se trata de eso: de enlazar pasado y presente, antepasados y sucesores. Y, en este caso, los fósiles, además de representar huellas de nuestro pasado evolutivo, también son testigos de los cambios históricos. Cambian de manos, cambian de instituciones, cruzan épocas, guerras y teorías, éxitos y tragedias, quedándose inmutables frente a las variopintas secuencias de los acontecimientos humanos.[49] Nosotros somos solo un trámite de paso, con el cometido de proteger y traspasar estas reliquias tan resistentes como frágiles, estos moldes minerales de lo que fue un cuerpo pulsante, pobres vestigios de una vida muy lejana e increíblemente distinta de la nuestra. A veces sus caminos se cruzan y se enlazan, generando puentes entre épocas y entre sus personajes, dispersos en el tiempo y en el espacio. Desde luego, es un honor y todo un orgullo, cuando esto pasa, ser parte de esta larga, sorprendente e imprevisible historia.

[49] La relación entre paleontología y guerras es particularmente interesante. Muchos fósiles custodiados en los museos han acabado bajo los escombros causados por los bombardeos, y muchos otros han desaparecido en el camino al ser desalojados de sus cajas fuertes durante alguna guerra. Sin considerar los hallazgos que han sufrido el destierro directamente por espolio o robo.

Entre batas y delantales:
la ciencia de doña Silveria

Históricamente, la ciencia ha sido sobre
todo cosa de hombres.
Y, por ende, de sus mujeres.

Reglas y consejos sobre investigación científica (Los tónicos de la voluntad) de Santiago Ramón y Cajal[50] sigue siendo una obra más que actual.[51] Es increíble que, desde finales del siglo XIX, el entorno científico haya cambiado tan poco. Los chanchullos académicos, las limitaciones económicas y sociales, las reglas paletas del mercado, los intereses de las instituciones, la política de las revistas y de las universidades...[52] Frente a los avances científicos indudables de este último siglo, los mecanismos de la investigación se han quedado contaminados por los mismos límites humanos de aquel entonces. Límites que, dicho sea de paso, son los mismos que contaminan cualquier otra actividad llevada a cabo por nuestra

[50] Petilla de Aragón, 1852-Madrid, 1934.

[51] La primera versión se publicó en 1899, como texto del discurso de ingreso de Cajal en la Academia de Ciencias Exactas, Físicas y Naturales, en 1897.

[52] Os invito a leer los artículos «Bulla cum laude» y «Publico, ergo sum», disponibles en *Jot Down*. También tratan estos mismos temas «El precio del saber» y «Papel cobrado, papel mojado», en el presente libro.

especie. De ahí mi querida y provocadora distinción entre «ciencia» (algo que atañe a teorías, métodos y técnicas) e «investigación» (algo que tiene que ver más bien con relaciones personales y apretones de mano). En las *Reglas y consejos,* Cajal habla a menudo de la relación entre científico y sociedad. Hay un capítulo dedicado a las condiciones sociales favorables a la obra científica donde nos recuerda, con lo que hoy en día sería un criterio algo impopular, que en este campo los medios son casi nada y el hombre lo es casi todo. Es decir, se puede hacer buena ciencia sin recursos, pero no se puede hacer buena ciencia sin compromiso y obstinación. Y, en este contexto, afirma que el científico es «planta delicada», que necesita el riego de la motivación y del apoyo social, que puede ser un verdadero factor limitante del crecimiento cultural de una nación. La perspectiva de Cajal, desde luego, desentona con la idea del «científico-empresario» que nos están obligando a tragar los mercaderes que hacen de la investigación un negocio personal. Dentro del mismo capítulo se incluye también un apartado sobre la familia, donde Cajal nos recuerda que a menudo las responsabilidades científicas y las familiares pueden llegar a chocar, generando conflictos y limitaciones que suelen afectar ambos aspectos: «el ansia del cielo desinteresa de la tierra». También en este caso la afirmación en la actualidad sería bastante impopular, porque plantea una perspectiva opuesta a la demagogia actual del derecho a tenerlo todo sin más (en este caso, la posibilidad de dedicarse con éxito a dos aspectos, la ciencia y la familia, que suelen necesitar una entrega casi total). En fin, en muchos capítulos de las *Reglas y consejos,* Cajal se mete con asuntos y posiciones que en el presente desafinan con la percepción general de la profesión científica, porque aunque todos reconozcan el valor (y la sensatez) de sus palabras, son posiciones que contrastan abiertamente con el modelo de ciencia como mercado y como entretenimiento que en los últimos años se está intentando vender a la sociedad.

Pero donde realmente las *Reglas y consejos* delatan de manera anacrónica su verdadera época de publicación es, dentro del mismo apartado sobre la familia, en la sección dedicada a la... ¡elección de compañera! Cajal empieza declarando que se trata de un punto importantísimo, porque los atributos de la esposa del investigador son cruciales para el éxito de la obra científica. Afirma que demasiadas veces la ciencia ha perdido hombres geniales y entregados porque una mujer les quebró voluntad y vocación, anteponiendo la misión del hogar (o la del ganar) a la del saber. Todo esto lo dice intercalando pinceladas que colorean a «la mujer» como un ser a menudo frívolo y caprichoso, con frecuencia interesado en el privilegio e insensible hacia el progreso. A continuación, proporciona una clasificación tipológica de las mujeres para que el hombre de ciencia reflexione sobre su crucial elección. Apartándose por un momento del perfil espontáneamente machista de su época, en primer lugar nombra a la mujer intelectual y a la mujer sabia, que trabajan junto al marido en la obra de investigación. Sería la pareja perfecta, admite, pero lamenta que por desgracia en aquella España de entonces había pocas o ninguna (los buenos ejemplos venían de Francia o de Alemania), y por este retraso del progreso social los científicos españoles no tenían este tipo de elección. La mujer opulenta, sin embargo, puede representar un serio problema para el científico, a no ser que fuera una de aquellas rarísimas herederas ricas que deciden apoyar con sus recursos el progreso científico. Casi peor la mujer artista o literata, perenne perturbación y disgusto para el hombre de ciencia a causa de su perpetua condición de inmodesta exhibición: «La mujer es siempre un poco teatral, pero la literata o la artista están siempre en escena». Con este percal, al pobre científico no le quedaba más que una elección segura y decente: la mujer hacendosa, «económica, dotada de salud física y mental, adornada de optimismo y buen carácter, con instrucción bastante para comprender y alentar al esposo, con la pasión necesaria para creer en él y soñar con la hora de triunfo». El principio era sencillo: la mejor esposa del científico, según Cajal, es una mujer que se ocupa de todas las posibles incumbencias de gestión (como el hogar, los hijos, la economía) dejando que el investigador pueda desarrollar su compromiso sin tener que atender a la logística de lo cotidiano. Al fin y al cabo, es el mismo papel que, siempre según Cajal, tiene que desempeñar también la administración institucional, en pura teoría destinada a despreocupar al científico de todo problema de gestión y de papeleo necesario para la organización de la ciencia. Don Santiago se quedaría horrorizado al descubrir cómo funciona hoy la administración científica, y al enterarse de que en muchos casos se han invertido las partes, convirtiéndose la investigación en una excusa para cebar a la administración y para encubrir las maniobras de comerciantes y gestores. Pero ¿qué opinaría Cajal ahora del papel de la mujer? Desde luego, aunque su catalogación femenina nos parece hoy en día más que desentonada, no podemos pensar en utilizar de modo literal la misma palabra *machismo* para las barbaries paletas de nuestra sociedad actual y para las perspectivas del siglo XIX. El trasfondo y los mecanismos son muy parecidos o incluso los mismos, pero el entorno es totalmente diferente, y el resultado no se puede medir con la misma métrica.

Lamentablemente, después de tantos años de represión de las mujeres y de las persecuciones en nombre de las discriminaciones sexuales, ahora hemos reaccionado pasando de un extremo a otro: para lidiar con las diferencias no hemos encontrado mejor remedio que negar su existencia. Es decir, aceptar las diferencias parece ser todavía una etapa que a nuestra sociedad le cuesta mucho alcanzar. Seguimos pensando que las únicas dos alternativas son igual o peor, y «diferente» parece no ser una opción. Confundimos igualdad de derechos y diversidad biológica o, como decía Theodosius Dobzhansky en un excelente libro de los años setenta, confundimos diversidad genética e igualdad humana.[53]

Sin embargo, si nos limitamos a los aspectos que incumben a la cognición o la neurobiología, hasta la fecha no hemos dado con ninguna diferencia contundente entre hombres y mujeres. Y se han buscado, literalmente, con lupa. Como siempre en ciencia, la ausencia de evidencia no es evidencia de la ausencia, pero tenemos que decir que si acaso estas diferencias existieran, tienen que ser muy sutiles o estar muy bien escondidas. Todas las diferencias cerebrales que hemos podido confirmar entre los dos géneros atañen siempre y solo al tamaño (el cerebro es más grande, en promedio, en los hombres), y a sus consecuentes proporciones, pero no a su organización o a sus procesos funcionales. Sí que hay un dato que se ha replicado muchas veces: los hombres tienen mejores capacidades visoespaciales y las mujeres mejores capacidades lingüísticas. Pero todavía no sabemos si son diferencias que vienen con el paquete evolutivo (quizá asociadas a algunas adaptaciones que optimizan los comportamientos físicos en los hombres y los sociales en las mujeres), o si son el resultado de un sesgo en el comportamiento debido a una cierta estructura social, que entrena a los dos sexos en actividades diferentes. Sea como sea, de todas formas hablamos una vez más de diferencias que no encajan en una escala de valores progresivos entre bueno y malo, mejor o peor (es decir, las capacidades visoespaciales no son mejores

---

[53]   Véase en este mismo libro «Los colores de la dignidad».

o peores que las lingüísticas, solo son... otras). Además todos los comportamientos humanos son complejos porque a la vez dependen de muchos factores, tanto genéticos como ambientales, así que las diferencias globales y promedios que se puedan encontrar entre grupos son tan nimias que, aunque puedan ser interesantes para estudiar los mecanismos biológicos, no dejan espacio para prever capacidades o actitudes individuales partiendo de los parámetros biológicos (sexo, raza o cábalas genéticas).[54]

A pesar de todo esto, en muchos sectores de la investigación las mujeres siguen representando en la actualidad una proporción menor dentro del conjunto de los investigadores. Desde luego sigue habiendo actitudes machistas, pero nada comparable con lo que era hace solo algunas décadas. Y precisamente el entorno científico, en este sentido, es mucho más abierto que otros sectores donde la igualdad de género sigue sufriendo mucho más el tributo simiesco de las jerarquías sexuales. Entonces es posible que, además de residuos de machismo, haya también factores comportamentales asociados a diferentes intereses y prioridades. Por ejemplo, sabemos que la investigación, ya sea la de verdad o la del mercadeo, requiere cierto afán convulso que fácilmente se puede transformar en obsesión y en competición, en algunos casos en una competición extrema con los demás y con uno mismo. El logro, la cumbre, el reto, el desafío y el triunfo del que habla a menudo Cajal en sus libros. Todo esto tiene componentes asociados a carácter y personalidad, que posiblemente sean en promedio diferentes entre los dos géneros. Esperamos encontrar una estadística del 50 % en un sector profesional porque nos olvidamos de que existen diferencias, y estas diferencias tiran de la báscula. Como decían las feministas en los años setenta: igualdad como derecho, diversidad como valor.

[54] Véase en este mismo libro el artículo «Vagabundeos antropométricos».

De aquí, otra vez, volvemos a Dobzhansky, quien dudando de que existieran capacidades predeterminadas, se preguntaba de todas formas qué pasaría si alguien con un don para un aspecto específico no estuviese mínimamente interesado en aquella capacidad. ¿Qué pasa si el genio de la matemática odia la matemática y desea ser médico, granjero o bailarín? ¿Una posible capacidad particular obliga al individuo a su destino? ¿Qué pasa cuando éxito y felicidad no van de acuerdo? Es un enfrentamiento entre el egoísmo del individuo y el egoísmo de la sociedad, ¡y casi es mejor no meterse en la trifulca y dejar que cada uno se arriesgue a decidir lo suyo! Así que es nuestro deber ofrecer a todos las mismas posibilidades, pero esto no quiere decir obligarles a aceptarlas. Comprometidos en eliminar los sesgos y los prejuicios en cualquier ámbito laboral, tampoco tenemos que agobiarnos si el promedio de hombres y mujeres luego siguen elecciones diferentes. Hay que evitar confundir diferencias biológicas e igualdad moral. Hay que rechazar con firmeza cualquier forma de abuso (machista o hembrista, racista o clasista), no solo con la fuerza de la ley, sino también y sobre todo con la fuerza de la cultura. Pero hay también que saber descubrir las diferencias, aprender a aceptarlas, y a valorarlas.[55] Solo conociéndolas podremos saber cómo integrarlas, minimizando los conflictos y disfrutando de sus potencialidades.

Ramón y Cajal vivía en su época, pero esto no quiere decir que fuese hombre de su tiempo. Acabó su disertación sobre la mujer del investigador con una nota que contrastaba de modo patente con el integrismo sexista de aquel entonces. Habló de la gloria del

---

[55] Curiosamente, muchas mujeres me agradecieron la publicación de este artículo, por tratar de estos temas, a la vez que algunas otras lo tacharon de machista. Son asuntos tan contaminados por factores psicológicos y emocionales que es imposible hablar de ellos sin levantar ampollas. Ya decía Oliver Sacks que política, religión y sexo son tres ámbitos donde la cordura del ser humano ya no da como para garantizar un diálogo sensato.

científico, una gloria que según él merece tanto él como su esposa, la cual con su dedicación, compromiso y sacrificios hace «al fin posible la ejecución de la magna empresa», representando un «órgano mental complementario». Santiago y Silveria[56] hicieron aquel camino juntos a lo largo de más de medio siglo, compartiendo éxitos y derrotas, forjando un equipo integrado que llegó a ganar un Premio Nobel, y a proporcionarnos una de las teorías más robustas de la neurociencia contemporánea: la que tal vez podríamos llamar de las neuronas de Cajal-Fañanás.

---

[56]   Silveria Fañanás García (Huesca, 1854-Madrid, 1930).

Torres y mercaderes: retos y vicios de la divulgación científica

La revista Investigación y Ciencia *cumple sus cuarenta primaveras, y esto quiere sencillamente decir que la comunicación de la ciencia, por lo menos en la cultura occidental, está disfrutando de su merecida y lograda madurez.*[57] *Lejos de las inseguridades juveniles y de los achaques de la senectud, sin duda estamos viviendo una época de participación activa y competente. Como debe de ser: con sus virtudes y con sus vicios.*

Los procesos culturales siguen ciclos, a veces acoplándose y a veces chocando con los ciclos de los procesos históricos o sociales, en un juego de ondas donde picos y valles se suman y se restan generando consecuencias. Son dinámicas que se influyen unas a otras, pero el proceso no es lineal y vete tú a saber en qué momento la interacción es fructífera, y en qué momento, en cambio, provoca contrastes. Y si las épocas se denominan en función de las formas en que se nutren de energía, después de la piedra y del vapor ahora lo que forja la estructura de nuestra sociedad es la

---

[57]   Por lo visto, fue el canto del cisne. Como habéis leído en la introducción, la revista no llegó a su medio siglo, precisamente a raíz de los muchos fallos que sufre el sector de la prensa científica, y por la contaminación del mercado en los mecanismos de la ciencia.

información. La información genera conocimiento pero también negocio, puede unir o puede separar, y puede propiciar el orden o la confusión. El flujo energético crea nuevos nichos, y aparecen diferentes figuras profesionales en torno a ella: los que la venden, los que la compran, los que la moldean, los que la guardan o los que la borran. La divulgación científica es algo íntimamente relacionado, por su misma definición, con las dinámicas de comunicación y de transmisión de la información, y no es de extrañar que haya sufrido cambios asombrosos a raíz de esta reciente revolución cultural. Los cambios se notan de manera patente no solo si consideramos el incremento de los recursos dedicados a la divulgación científica en las últimas décadas, sino también en el incremento del debate sobre ella. Imposible mencionar todas las cuestiones abiertas que en este momento abarrotan las publicaciones, los foros, y los encuentros dedicados a evaluar, comentar o gestionar problemas y potencialidades de la divulgación científica. La medida de cierto éxito, en este sentido, es la proporción de divulgación científica dedicada a los principios de la divulgación científica. No cabe duda de que este éxito se lo tenemos que agradecer a los tiempos y a las técnicas, pero también a todas aquellas personas e instituciones que a diario apuestan por esta inversión cultural. El hecho de que la actual Ley de la Ciencia, la Tecnología y la Innovación incluya la divulgación como objetivo oficial de nuestra labor es un increíble logro cultural y un orgullo a nivel de sociedad, y será preciso recordarlo con decisión y firmeza cada vez que alguien, individuo o institución, no lo tenga en consideración e intente presentar la comunicación de la ciencia como un *hobby* personal, como una inquietud innecesaria o como un entretenimiento improvisado que no necesita una preparación y dedicación profesional.

Desde luego no hay que pasar por alto los límites de todo este sistema.[58] La potencia no es nada sin control y, si hablamos de comunicación social, tenemos que asumir los vínculos del contexto social. Reconocer los límites es la base para desarrollar una gestión optimizada de los recursos y de los resultados. No reconocerlos y seguir un planteamiento teórico, formalmente correcto pero descolgado de la realidad, suele ser la antecámara del fracaso. Por ejemplo, sigo pensando que no se está todavía discriminando lo suficiente el «periodismo científico» de la «divulgación científica». El primero tiene que representar una información básica garantizada para el conocimiento común, mientras que el segundo representa un nivel más completo y dedicado, una puerta abierta solo para los que quisieran cruzarla. A pesar de una necesaria y crucial integración entre estos dos niveles, ambos tienen objetivos, métodos y requerimientos muy diferentes, y creo que es un error no reconocer esta distinción.

Hay por lo menos tres puntos que merece la pena considerar a la hora de analizar posibles grietas en la actual estructura de la divulgación científica: la selección, la sostenibilidad y los objetivos. Y a estas alturas tengo necesariamente que anteponer a mis comentarios un acto de sumisión y humildad, reconociendo que mis opiniones son absolutamente personales y subjetivas. Cuando se afirma algo compartido y respaldado por la colectividad (algo que tiene fronteras borrosas con la demagogia), no es necesaria dicha premisa tautológica, que en cambio representa un ritual necesario para garantizarse el derecho a discrepar sin ser abucheado. Habiendo cumplido con esta renuncia pública y formal de ser portavoz de la verdad, sigamos adelante.

---

[58]   Sobre estos temas, os invito a leer el artículo «Los prisioneros de la torre de marfil», disponible en *Jot Down*.

La selección es un parámetro intrínseco a cualquier proceso de comunicación. Una buena divulgación tiene que ser bastante trasversal, pero no hay comunicación que no tenga un destinatario de algún modo preestablecido. El periodismo científico tiene que llegar a todos, pero la divulgación no tiene la misma misión. Esta tiene que estar disponible y ser accesible a todos, eso sí, pero luego son aquellos todos quienes deciden si subirse o no al carro. Y no es responsabilidad ni deber de los divulgadores convencer, ni mucho menos obligar a nadie. Así se crea un filtro, pero no desde arriba, sino desde abajo: la gente se autoselecciona. Desde luego es nuestra obligación estar disponibles para quienes quieran cruzar esta puerta e, incluso, quedarnos en la entrada para dar la bienvenida y explicar las ventajas de esta elección. Esto puede ampliar el rango de acción, pero a pesar de los esfuerzos para incrementar el interés, en el día a día tenemos que trabajar con lo que hay. Y si descubrimos que la divulgación científica implica al 15 % de la población, a pesar de las inversiones a largo plazo para ver si podemos mejorar este porcentaje, tenemos que organizar nuestra labor para ese 15 %. Podemos comprometernos para que la ciencia sea cada vez menos elitista, pero tenemos que asumir que, en cierta medida, seguirá siéndolo. Y esto, en principio, no es ni malo ni bueno, a no ser que uno tenga esperanzas u objetivos incompatibles con esta realidad.

Y esto nos lleva a la sostenibilidad de la divulgación científica. En un mundo ideal, la sociedad y las instituciones se encargan de pagar los costes de la inversión cultural. Pero no estamos tan evolucionados, y seguimos en una situación donde cada uno se tiene que buscar la vida, recurriendo a compromisos y acuerdos que garanticen una nómina. Sin embargo, en el caso de la divulgación, el producto no es tangible, y la inversión es a largo plazo. Algo muy difícil de medir a nivel económico o social. De ahí todos los problemas que sabemos sufren los profesionales del sector, que se ven a menudo acorralados entre responsabilidades profesionales y forcejeos laborales. Y las cosas como son, una información a sueldo no será nunca libre, por lo menos no en este planeta. En un entorno hecho de empresas, contratos y nóminas, los medios de información solo pueden medir su éxito en términos de «cantidad», como la cantidad de lectores, el número de copias vendidas o el número de *likes*. Está claro que (al igual que ocurre en cualquier otro sector) en el momento en que un profesional ve su nómina anclada y dependiente de estas «cantidades», puede que quiera o tenga que llegar a decisiones no siempre coherentes con los objetivos de la promoción cultural. Cualquier manipulación o selección de la información final para mejorar su venta o su aceptación es incompatible con los mismos principios de la divulgación. En contextos más delicados para nuestra sociedad se hablaría, sin más, de conflicto de intereses. No es por insistir, pero otra vez podemos notar una diferencia entre periodismo (algo que tiene el objetivo moral de incrementar el alcance de la información) y divulgación (algo que tiene el objetivo moral de garantizar una especificidad de la información). Las reglas y los objetivos del periodismo son más afines a los principios de masificación de la información, mientras que las reglas y los objetivos de la divulgación pueden sufrir deformaciones más prepotentes cuando se contaminan con intentos de forzar su radio de acción. En este sentido, cobra importancia el papel de los investigadores, no solo por competencia, sino también porque su contribución puede ser (y debería de serlo) más independiente de un retorno económico.

Y esto nos lleva a mi tercer punto de crítica incómoda y contra tendencia: los objetivos. Hoy en día se da por sentado que la divulgación tiene que entretener, tiene que ser divertida, pero no nos mintamos: tiene que serlo solo por necesidad de ser sostenible. Por sí misma, la divulgación no es algo que atañe al entretenimiento o a la diversión, sino una inversión cultural responsable y necesaria, que requiere profesionalidad y compromiso. La divulgación de la ciencia no tiene nada que ver, en principio, con una dicotomía entre divertido y aburrido, como no tiene nada que ver con esta distinción una operación cardíaca o una estrategia financiera. Proporcionar y recibir un adecuado conocimiento científico y técnico debería de interpretarse como una necesidad individual y social (igual que una operación al corazón o un asesoramiento económico), y no habría que recurrir al entretenimiento para convencer a un ciudadano de contar con este recurso. Con los críos no viene mal utilizar un poco de psicología oculta para hacer el proceso más liviano, pero para un adulto ¿a que sonaría raro tener que fichar a un payaso para convencerle de ir al dentista? Y, a pesar de que sigan presentando la divulgación como algo más bien para niños y adolescentes, no me parece que nuestros mayores cumplan con conocimientos robustos y maduros en los demás sectores científicos.

La ciencia es un pilar de la cultura, de nuestras capacidades lógicas y tecnológicas, y esto no tiene nada que ver directamente con entretenimiento y pasárselo bien. El saber es una necesidad primaria en la fisiología de una sociedad. Aprender no es incompatible con entretenerse, pero tampoco una cosa debe ir siempre unida a la otra. De hecho, más allá de mis opiniones, tenemos muchos ejemplos excelentes (incluida una revista que acaba de cumplir su cuarta década de éxitos) en los que la divulgación científica no se asocia a un «paquete de diversión», sino que se presenta tal cual, con sus formas y sus contenidos, logrando cumplir con su misión sin tener que recurrir a cebos ajenos a los objetivos, y a la vez ocupando un espacio bien definido en el mercado. Por supuesto, esto requiere profesionalidad, compromiso, objetivos a largo plazo e ideas claras. Si uno tiene que captar la atención o cumplir expectativas más allá del potencial efectivo de un sector (como ocurre a menudo con los museos, o con todas aquellas situaciones donde los provechos pecuniarios o la visibilidad son las principales unidades de valoración), no es para mejorar los efectos culturales del proceso, sino para mantenerlo viable a nivel económico. En el momento en que la divulgación interesa solo a una pequeña parte de la población, en muchos casos no será económicamente sostenible. Y entonces habrá que hacer «algo» para mejorar sus procesos de compra y venta y alcanzar a aquella (gran) parte de población que no busca conocimiento, sino solo pasar el rato. Este vínculo económico es el que genera la competición con el fútbol o con los programas basura, y no una estrategia cognitiva de los procesos de enseñanza y aprendizaje. Formación y entretenimiento tienen necesidades y dinámicas opuestas, y un equilibrio entre ellos solo se necesita para que la primera, que a menudo no es económicamente autosuficiente, pueda parasitar la segunda, garantía de sostenibilidad en función de una deseada confusión entre público (que aprende) y clientes (que pagan). Vender diversión a muchos, para poder proporcionar conocimiento a unos pocos.

Igual sorprende leer que en España la educación formal contribuye solo en un 5 % al conocimiento científico individual, que solo el 15 % de la población está interesada en temas de ciencia, que los hombres doblan en número a las mujeres, que el 30 % cree que los humanos convivieron con los dinosaurios, que un 25 % piensa que el Sol gira alrededor de la Tierra, y que el 54 % no sabe que los antibióticos curan solo enfermedades bacterianas. Está bien sorprenderse, pero acto seguido hay que tomar conciencia de esta realidad. Y reconocer que, si a pesar de la increíble cantidad de información disponible hoy en día y de su total accesibilidad, la situación sigue siendo esta, igual no estamos considerando algunas limitaciones intrínsecas de nuestras sociedades. No somos kryptonianos ni vulcanianos[59] dedicados al conocimiento y a la razón lógica, sino terrícolas, problemáticos y emocionales, a menudo insensatos, incoherentes, y todavía pendientes de complicaciones culturales, sociales y económicas que van mucho más allá de las dificultades que pueden afectar la divulgación científica. El primer paso para un largo camino es ilusionarse. El segundo es conocer los riesgos y reconocer los límites. El tercero es ponerse en marcha, empezando un viaje dedicado al descubrimiento de nuevas ideas, de nuevas propuestas, hasta alcanzar lugares donde nadie ha podido llegar... ¡Larga vida y prosperidad a la divulgación de la ciencia!

[59] Son habitantes de Krypton y de Vulcano, planetas originarios de Supermán y del señor Spock, respectivamente, donde la coherencia y la sensatez limitan los excesos descontrolados de las emociones.

Scripta manent

Los descubrimientos científicos marcan sus pasos a través
de las publicaciones en revistas especializadas. Un método
lleno de fallos y limitaciones, pero el mejor que tenemos.

A pesar de lo mucho que se habla de ciencia en el contexto social y en los medios de comunicación, poco se conoce sobre el método científico, a veces incluso dentro del mismo mundo académico, hoy en día más dedicado a la enseñanza que a la investigación. Tomando como referencia a Karl Popper,[60] podemos ver el proceso científico como una selección de ideas. A estas «ideas» las llamamos teorías, hipótesis o leyes, y se seleccionan por medio de pruebas que llamamos «experimentos». Cuando los resultados de un experimento no son compatibles con una idea, esta se elimina. Si la idea es incompatible con lo que observo, se descarta de la lista de propuestas. Así, poco a poco, vamos eliminando ideas, nos quedamos con las que aguantan, y forjamos otras, a la luz de la nueva información que vamos adquiriendo. Las hipótesis y las teorías que momentáneamente sobreviven a la criba, en un preciso momento histórico, constituyen el conocimiento científico de esa época.

[60] Viena, 1902-Londres, 1994.

Este proceso de selección de ideas nos lleva, en principio, a dos consideraciones. Primera, por definición se puede demostrar que una idea es incorrecta cuando no cuadra con las observaciones y con los resultados de los experimentos, y entonces la eliminamos. Sin embargo, no se puede demostrar que una idea es verdadera. Si una hipótesis aún no se ha eliminado, puede ser porque es cierta (los datos son conformes a sus expectativas porque la idea ha dado en el clavo) o solamente porque todavía no se ha encontrado la forma de revelar que es falaz (los datos no son capaces de sondear la cuestión oportunamente). Segunda, para valorar si una idea es cierta o compatible con los datos, y en qué medida, es necesario cuantificar, o sea medir de alguna forma, un factor que nos permita sopesar la correspondencia entre lo que es y lo que se esperaría que fuese. Si no hay medición, no hay posibilidad de valoración, y la idea no puede entrar en el proceso de selección. Ya sea cierta o equivocada, si una idea no se puede valorar con una medida, sencillamente no puede ponerse sobre la mesa de debate.

Además, cuando una hipótesis aguanta la criba, necesitamos saber más o menos cuánto se adapta a los hechos, o, lo que es lo mismo, tener una idea de su fuerza. Por esta razón, la ciencia necesita la estadística, es decir, un método para calcular la probabilidad de que una hipótesis pueda explicar lo que observamos en nuestros experimentos. En otros sectores de la cultura humana, sin embargo, no se requiere conocer la «probabilidad» de que un hecho sea cierto, sino solo la «posibilidad» de que lo sea. Es lo que pasa, por ejemplo, cuando el razonamiento lógico es un argumento suficiente (del modo que a menudo ocurre en filosofía) o innecesario (del modo que a menudo ocurre en la religión) como prueba para validar o descartar una afirmación. La ciencia confía mucho en la lógica y se basa con fuerza en ella, pero luego mandan los hechos: si estos no apoyan la teoría, es probable que esta sea incorrecta, aunque por completo creíble. Utilizar la posibilidad en lugar de la probabilidad es una opción lícita, pero teniendo en cuenta sus limitaciones y sus peligros: cualquier diálogo o debate acabará basándose profundamente en opiniones personales, y por ende, podrá seguir de manera indefinida sin grandes mejorías, o incluso desviarse hacia caminos muy alejados de un concepto útil de realidad.

El hecho de que el principio de posibilidad sea una alternativa lícita no es razón suficiente para importarlo al debate científico, cosa que por desgracia ocurre muy a menudo, y suele generar las clásicas disputas académicas que vienen bien para vender noticias, pero que hacen un flaco favor al conocimiento y a la cultura en general. Karl Popper subrayaba que el científico tiene que ser el principal enemigo de sus propias hipótesis. Si propongo una teoría, dedicándole tiempo, energía, o incluso mi vida entera, quiero que sea cierta o por lo menos útil. Es como cuando haces montañismo y tienes que comprobar con el pie la resistencia de la roca que está a punto de sujetar tu peso: es aconsejable darle fuerte, sin piedad, dado que estás valorando si entregarle tu vida, y es mejor saber con antelación si puedes apoyarte en ella. No quiero dedicar mis esfuerzos a defender una teoría incorrecta. Por eso tengo que atacarla yo mismo, tengo que ponerla a prueba con la mayor firmeza que pueda, para comprobar su resistencia. Desgraciadamente, muy a menudo ocurre, sin embargo, que alguien propone una teoría, quizá fundada en una base puramente conceptual, y luego dedica su vida a defenderla sin más, incluso a pesar de que las evidencias la contradigan, como si fuese una criatura suya que necesita protección, un hijo que, un día lejano, seguirá honrando su memoria, llevando su nombre. Muy romántico, pero sin duda perjudicial para el saber.

Ahora bien, este infinito proceso de selección de ideas necesita disponer de una plataforma común para poder ser compartido por sus miembros y por la sociedad entera. Y este papel se encomendó desde siempre, en gran parte o casi del todo, al mundo de las revistas y de las publicaciones científicas.[61] Los autores de un estudio mandan un artículo que explica el trabajo y los resultados a una revista especializada, y un editor junto con unos colegas anónimos (revisores) deciden si el trabajo está bien hecho y lo bastante sustentado como para otorgarle el derecho a la publicación. Como todo proceso humano, no es infalible. Es, de hecho, humano. Las revistas tienen a menudo intereses económicos, asociados en muchos casos más al mercado y al negocio que al conocimiento. También el sistema académico está ampliamente contaminado por intereses institucionales o personales, y, demasiado a menudo, saber apretar bien las manos adecuadas es más importante que saber hacer un buen experimento o saber escribir un buen artículo, a la hora de publicar un trabajo de investigación. De la misma manera los revisores, jueces claves del proceso, son humanos, con toda su mochila de intereses, de carencias, de prejuicios y de frustraciones, así que no siempre se dejan guiar solo por su deber editorial (comprobar que los contenidos de un estudio estén a la altura del método científico y del conocimiento corriente) y se atribuyen el poder de conceder vida o muerte, con actitudes que entran a lo bruto en las retorcidas dinámicas de las relaciones personales. Ya dijo, de hecho, Thomas Kuhn[62] que la mayoría de los investigadores están donde están solo para confirmar lo que ya se sabe, oponiéndose a las alternativas y generando una inercia que a menudo es la primera enemiga de los avances del conocimiento.

[61] Véase en este mismo libro el artículo «Papel cobrado, papel mojado».
[62] Cincinnati, 1922-Cambridge, 1996.

A pesar de todas estas pegas, este sistema de revisión y publicación es el mejor que hemos sido capaces de encontrar y, además, hay que decirlo, tampoco funciona tan mal si lo valoramos de forma general y a largo plazo. Nos ha llevado a pisar la Luna y a visitar Marte, a explorar el ADN y a diseñar fármacos, a manejar la energía y a diseccionar las células, a programar ordenadores y a conocer las corrientes de los océanos. No vamos tan rápido como quisiéramos, pero nunca nos paramos, y cierta lentitud es necesaria para evitar poner un pie donde no deberíamos.

La compleja red que se esconde detrás de todo este tinglado es algo prácticamente desconocido para la gente de a pie, sin embargo es fundamental a la hora de entender y de reflexionar sobre el papel de la ciencia. Por ejemplo, al comentar un tema o un aspecto concreto, demasiadas veces he visto confundir un artículo científico con un artículo de una revista semanal, o con la noticia de un periódico de quiosco. Demasiadas veces he visto dar el mismo peso a un estudio publicado en una revista de impacto (en el sistema científico hay índices que miden la importancia de las revistas, con más o menos acierto) que a un estudio publicado en una revista local. Demasiadas veces he visto poner en el mismo plato datos científicos junto a informaciones leídas en un libro de divulgación. Pero, claro, no es lo mismo.

La cantidad de información que circula hoy en día en cualquier ámbito es abrumadora, y hay que saber nadar bien en este océano si uno no quiere acabar ahogándose sin remedio o naufragar en tierras culturalmente inhóspitas y deshabitadas. Entonces, lo primero es distinguir lo que se publica en las revistas científicas internacionales de lo que no. Cosa que mucha gente no sabe hacer. Lo segundo es saber moverse un poco en el sector, porque entre intereses económicos e institucionales también en el mundo de las revistas científicas, a estas alturas, hay de todo. Han aparecido de la nada cientos o miles de revistas de paja que, aprovechando la confusión cultural y las facilidades digitales, buscan sacar tajada de los muchos recovecos del mundo académico. Y tercero, tampoco hay que dar nada por sentado, porque demasiadas veces revistas de alto impacto llegan a publicar bazofia, del mismo modo que se pueden encontrar informaciones valiosas publicadas en revistas menores. Todo ello nos recuerda que, como siempre, no existen reglas absolutas, y nos conviene movernos con cierta cautela. Pero hay que seguir unos criterios, aunque luego se tengan que ajustar con conocimiento y experiencia. Hay que seguir un criterio porque, en la actualidad, se publican cientos de artículos sobre cada posible tema, y controlar las fuentes originarias ya no es solamente una necesidad, sino, sobre todo, a estas alturas, una responsabilidad y un deber. Si tuviéramos que leer o hacer caso de todo lo que se publica sobre un cierto tema, acabaríamos enloquecidos y delirando en una infinita biblioteca de Babel donde se publica todo, y también todo su contrario. Si, además de las evidencias científicas, dejamos pasar asimismo lo que científico no es, la tarea se vuelve realmente un inútil martirio.

A pesar de las incertidumbres, hay dos aspectos que creo que pueden quedar claros. Uno, que para hacerse a la mar hay que saber navegar. Es decir, no es aconsejable perderse en un océano sin brújula ni mapas ni buenos conocimientos de las corrientes o de las estrellas, a la hora de manejar estas colosales cantidades de información, sea uno lector o escritor, actor o espectador del panorama continuamente cambiante del saber. Antes de emprender la marcha, se debe dedicar tiempo a un apropiado aprendizaje. Sin embargo, con internet como cómplice, a menudo hay quien se lanza al mar del conocimiento sin haber aprendido antes a soltar el salvavidas. Y la cosa suele acabar mal, ya sea con una lamentable pérdida de tiempo y energía, o incluso con raras maniobras intelectuales que, produciendo una literatura improvisada y superficial, aumentan la confusión en lugar de aportar a la causa. Y el segundo aspecto es que, aunque luego se deba valorar cada caso individualmente, en general la publicación en revistas científicas se considera la plataforma oficial del progreso tecnológico y cultural, con lo cual hay que tener cuidado a la hora de dar peso a lo que no ha pasado por esta criba que, con todas sus pegas, sigue siendo con creces la mejor que tenemos.

Nuestra sociedad sufre cada vez más los problemas y las consecuencias asociadas a una excesiva cantidad y a una mala calidad. Lo vemos con la comida, que atasca nuestros cuerpos y nuestro metabolismo con sus excesos, sus elementos tóxicos y sus pobres nutrientes. Lo mismo está pasando con la información, utilizada a menudo como avalancha mediática para cebar el mercado y aturdir los sentidos, en lugar de tomarse como recurso energético para nutrir la mente. Confundimos información con conocimiento, olvidando que entre la una y el otro tiene que mediar un lento proceso de digestión. Paralelamente a lo que estamos sufriendo a nivel nutricional, vivimos en un mundo amenazado por dos extremos, o sea, situaciones donde la carencia de información genera una importante desnutrición cultural y, al mismo tiempo, situaciones donde atracones compulsivos de información mal procesada generan una devastadora obesidad intelectiva, con todas las patologías que ello conlleva. Los mecanismos del sistema económico y social, firmemente basados en la explotación y en el fomento de las debilidades de la multitud, no se van a parar. Y entonces dependerá de cada uno decidir si ser parte de este proceso de bulimia informacional, y en qué medida, o si subirse a otro carro más consciente y desde luego más autónomo.

Por supuesto, no podemos evitar todos los sesgos de nuestro conocimiento, y pretender nutrirnos solo de fuentes puras. Se trata de no dejarse arrastrar sin más y de tener un poco de cuidado. Al fin y al cabo, es lo mismo que ya unos cuantos hacemos con la comida: leer bien las etiquetas para saber de dónde procede esta información, si tiene caducidad, y sus principios nutricionales. Y no, no nos vale ni que engorde ni que mate.

El precio del saber

Todo se puede comprar y todo se puede vender.
Incluso la ciencia.

Los aspectos fundamentales de nuestra cultura son el desarrollo económico y el desarrollo de los sistemas de información. Son dos de nuestras garantías principales, garantías para una excelente calidad de la vida (si la comparamos a lo que hay por ahí en este planeta) y para el impulso técnico y social. Claro está que una herramienta cuanto más potente, más peligrosa, porque los grandes alcances se pueden convertir en grandes perjuicios si la herramienta se utiliza de forma impropia, o incluso voluntariamente dañina, por falta de capacidad, de coherencia o de ética. Entre los muchos sectores que han aportado a estos cambios históricos y se han beneficiado de ellos están la ciencia y la investigación. Y, si nos ponemos quisquillosos, los dos términos no quieren decir lo mismo. La ciencia es algo relacionado con teorías, métodos y técnicas. A la investigación tenemos que añadirle toda una larga serie de factores que la anclan al mundo real, factores que incluyen relaciones personales e institucionales, límites individuales y financieros, administración y papeleo, gestión y estrategia, acuerdos y apretones de manos. Es decir, la ciencia es un concepto, una perspectiva, un principio, quizá una utopía, mientras que la investigación es lo que queda de todo ello, cotidiano y tangible, cuando esta perspectiva se proyecta en el mundo real, entre los vínculos y las limitaciones de las sociedades humanas. Algunos somos más «científicos», otros son más «investigadores», pero, al fin y al cabo, el saber hacer amigos tiene prioridad sobre el saber investigar, y lo es por una razón de polaridad, porque muchas veces sin el uno es improbable poder acceder al otro.

En sus *Reglas y consejos sobre investigación científica* (1897-1899) Ramón y Cajal ya criticaba las malas influencias de la política y de la economía en el desarrollo de la ciencia.[63] Logros económicos (bienestar) y flujos de información (accesibilidad) han llevado a una masificación de la ciencia, que de ser cosa para pocos se ha vuelto de interés para muchos, en todos los sentidos. Y esto ha conllevado grandes ventajas, entre otras, un nivel de formación impensable hasta hace pocas décadas, y una participación más activa en el saber global por parte de grupos sociales y naciones históricamente menos relevantes en cuanto a peso cultural. Pero esta masificación, hay que avisarlo, conlleva también efectos colaterales, que es mejor conocer para luego evitar sorpresas. Por ejemplo, una consecuente «promedización» de los valores de la investigación. Aumentando la cantidad de personas y de instituciones involucradas en el sistema científico, los valores promedios de la ciencia se acercan inevitablemente a los valores promedios de la población general. Lo cual es algo fenomenal a nivel de divulgación y conocimiento, pero puede ser un riesgo para el rol de la ciencia como rompehielos que avanza y que tira del carro. Si la ciencia tiene que aportar algo «más», tiene que poder destacar de la multitud para ofrecer algo diferente, y no

---

[63] Véase en este mismo libro el artículo «Entre batas y delantales: la ciencia de doña Silveria».

amoldarse a sus promedios. Atención, que no estamos hablando de elitismo, sino de estadística: cuanto más coincide el estímulo con el valor común, menos cambios y alternativas aportará. Ya hace tiempo, Thomas Kuhn[64] sugería que la ciencia tiene el objetivo de hacer avanzar nuestra cultura, pero los científicos, siendo una muestra aleatoria de la población humana, no tenían esta necesidad, ni quizá esta capacidad, y son los primeros que a menudo se oponen a los cambios y a los avances, cuando estos estos pueden poner en entredicho sus posiciones, capacidades o conocimientos personales. Citando a Upton Sinclair,[65] es imposible convencer a una persona de algo si su nómina depende de no entenderlo. Así que la masificación de la ciencia conlleva necesariamente un aumento de su inercia, de su resistencia al cambio, el mayor enemigo que tiene en su propia casa.

Ahora bien, la ventaja de una ciencia masificada es que podemos aprovecharnos de la ley de los grandes números, y apostar por muchos más caballos. Y esto aumenta la probabilidad de ganar. Entonces habrá que ver si, en el cálculo total y a largo plazo, el aumentar el abanico de posibilidades de la investigación puede contrarrestar esa nivelación de su capacidad. Esperemos, y crucemos los dedos.

La otra contraindicación de la masificación científica es el haber despertado los intereses del mercado. Hoy en día, las universidades ya no tienen estudiantes, sino clientes que pagan y exigen un trato preferente.[66] Lo mismo pasa con las editoriales científicas,[67]

---

[64] Véase en este mismo libro el artículo «Scripta manent».

[65] Baltimore, 1878-Bound Brook, 1968.

[66] Este tema es parte de un escenario más amplio, que abarca el mundo de la investigación en general. Vuelvo aquí a mencionar un artículo sobre la burbuja económica asociada a la explotación del sistema académico y científico, «Bulla cum laude», disponible en *Jot Down*.

[67] Véase el ya citado «Publico, ergo sum», disponible en *Jot Down*.

porque muchos investigadores ya no son autores, sino clientes de sus revistas. Y el cliente siempre tiene la razón. También a nivel de investigación, un científico se valora (y se contrata) siempre más en función de cuánto dinero ha conseguido mover entre empresas, fundaciones y gobiernos que en función de su producción científica y cultural. Es decir, la institución está interesada en su capacidad empresarial, más que en su capacidad investigadora. A pesar de ser algo tan patentemente contrario a los principios de la ciencia, en el presente esta perspectiva está tan aceptada que las instituciones ni se esfuerzan en ocultarla, y ponen la capacidad de búsqueda de dinero en los requisitos oficiales de los concursos, en los deberes de un contrato laboral o en las evaluaciones productivas. ¡Atención, no nos dejemos engañar por la pamplina de que buscando dinero luego se hace más o mejor investigación! Desde luego, no podemos pensar que la capacidad empresarial y la capacidad investigadora de una persona estén necesariamente correlacionadas, y habrá a quien le sobre de la una y carezca de la otra. Cuando se nos presenta la capacidad financiera como una necesidad del investigador (y no de la investigación), tenemos que considerar por lo menos tres puntos. Primero, la correlación entre cantidad de inversión económica y producción científica no es cierta, depende de cada caso, y habría que averiguar si y cuándo se cumplen garantías de control en este sentido. He visto a menudo financiaciones increíbles que han sido malgastadas, e investigaciones baratas que han dado resultados excelentes. Así que tampoco hay que dar la relación ciencia-dinero por sentada. Segundo, no olvidemos que esta inversión debería venir de los gobiernos y de las instituciones. Son ellos los que deberían invertir en el desarrollo de una nación, para recoger luego el fruto de la inversión a largo plazo. Lo que pasa, en cambio, es que se deja al investigador el deber de apañarse, y luego, si tiene éxito, ya la institución o el gobierno de turno estará disponible para sacarse la foto y colgarse la medalla. Y aquí hay también otro pequeño detalle: si tienes que volverte empresario y pasarte la vida buscando dinero y apretando manos, no te queda mucho tiempo para dedicarte a la ciencia. Tercero, lo de valorar a un investigador en función de su implicación en la búsqueda de dinero para producir ciencia es evidentemente una descarada sinrazón porque, si lo que interesa es la ciencia, bastaría con evaluar el resultado final de todo el proceso, es decir, la producción científica. Incluso, ante logros parecidos, ¡mejor será el investigador que los haya alcanzado gastando menos! O sea, lo de dar peso a la capacidad financiera de los científicos por el bien de la ciencia suena a excusa barata (y muy superficial) para sacarle provecho. Una maniobra a expensas de la ciencia que, no es ningún secreto, si se ve vinculada al mercado, se enfrentará a todo lo que este conlleva, incluyendo conflictos de interés, ventajas personales, burbujas especulativas, operaciones de fachada y compraventa de jugadores de moda, y eso esperando no tener que llegar a corrupción, sobornos y chantajes. Huelga decir que la posición «bueno, es lo que hay, qué le vas a hacer»[68] no cumple con los requisitos de compromiso civil y cultural de las instituciones científicas. La misma frase dicha hablando de lacras sociales o políticas[69] sería francamente de mal gusto. Apliquemos el criterio al caso.

Me pregunto si no ha llegado el momento de tomar una posición activa en cuanto a promover y emprender una respuesta por parte de investigadores y científicos, que exija explícitamente que

[68] Frase que he escuchado decenas de veces a investigadores e, incluso, directores de departamentos y de centros de investigación.
[69] Imaginemos, por ejemplo, esta misma frase hablando ¡de corrupción o de violencia de género!

no se les contrate o evalúe por sus capacidades mercantiles, sino por sus méritos culturales. Si hace falta, negándose a seguir el juego, y obligando a las instituciones a admitir el abuso. Porque lo preocupante es que todo esto se está llevando a cabo de forma cínica y abierta, sin preocuparse mucho de mantener luego cierta coherencia a la hora de hablar de la importancia de la ciencia como pilar de nuestra cultura y de nuestro conocimiento. Cuando la habilidad financiera acaba oficialmente en un requisito de concurso, en un contrato, o en la evaluación de un científico, quiere decir que a la institución (y a sus gestores) no le da vergüenza admitir que quiere ordeñar la vaca. Y cuando la aberración se luce como pauta, o incluso como vanidad de innovación, empieza a soplar un aire que sabe a tormenta. Toca abrigarse y, por si acaso la cosa se pone fea, ir buscando refugio.

Papel cobrado, papel mojado

Entre todas las facetas de la ciencia-mercado, el negocio
de las revistas está seriamente poniendo en riesgo
la calidad de la producción académica. Y todos contentos.

La ciencia es algo que atañe a las teorías, a los métodos y a las técnicas. Sin embargo, la investigación es algo más complejo, donde esos tres elementos mencionados a menudo son secundarios frente a otros más sociales que incluyen relaciones personales, enlaces institucionales, gestión de recursos y una larga serie de modos de «saber vivir» a veces más honorables, a veces menos. Un científico tiene que saber cómo funciona el universo, pero para un investigador es mucho más importante sáber cómo va el mundo. Saber apretar manos siempre ha tenido más éxito que saber manejar tubos de ensayo y, en una sociedad dominada por el consumo, era predecible que antes o después el mercado se iba a enterar de que se podía hacer negocio con la ciencia. Empezó la universidad trasformando a los estudiantes en clientes, y entrando luego en un bucle donde el objetivo de vender matrículas está hinchando una burbuja que ya está a punto de reventar, con probables consecuencias nefastas para el mundo profesional y laboral. Por lo que atañe a los centros de investigación, hoy en los currículos de los investigadores pesa bastante más la capacidad de mover dinero que la de saber investigar, y las instituciones se fijan más en la habilidad de acaparar financiaciones que en la de producir ciencia o conocimiento. Pero por el momento la mayoría parecen conformes con esta perspectiva y siguen la tendencia sin hacerse demasiadas preguntas: entre ellos los hay que incluso halagan una ciencia moderna al servicio del mercado, y los que levantan los hombros recitando un catártico «qué se le va a hacer».

Más allá del negocio de las matrículas y de las incursiones empresariales en las plantillas de investigación, otro elemento importante del juego son las revistas científicas.[70] Cualquier descubrimiento sencillamente no existe si no ha sido comunicado al mundo y compartido con la comunidad, y esto quiere decir que cualquier resultado ha de publicarse en una revista especializada, si es que quiere entrar de modo oficial a ser parte del progreso y del saber. Quien no trabaja en investigación a menudo desconoce este componente fundamental de la ciencia, y a veces piensa que un artículo científico es algo que aparece en la prensa de papel de los quioscos. Pero no es así, y las revistas científicas ocupan un nicho que, a los ojos de quien no está en el sector, es bastante invisible. Un nicho que, sin embargo, es el pilar del conocimiento y de la investigación. Son revistas especializadas que se pueden encontrar solo en las bibliotecas de los centros de investigación o en sus suscripciones digitales. Los artículos son técnicos, por lo general escritos en inglés y orientados a otros investigadores, no a un público general. Hablamos de cientos y cientos de artículos publicados cada día, que forman el corpus de nuestro conocimiento actual en todos los campos de la ciencia, y que presentan experimentos, conclusiones, hipótesis y debates acerca de lo que

---

[70] Vuelvo a recomendar aquí mi artículo «Publico, ergo sum», disponible en *Jot Down*.

sabemos o de lo que pretendemos saber. De ahí la importancia de estos artículos: si algo está publicado, se sabe, si no está publicado, no existe.

Todo ello evidentemente genera competiciones extremas e intereses cruciales acerca de las revistas y de su gestión, y no es de extrañar que hace unas pocas décadas grandes multinacionales editoriales empezaran a hacerse con los peces pequeños, comprando y englobando las revistas locales y centralizando la propiedad de las demás en manos de pocos gigantes del mercado. Pero cuando ya este proceso estaba en su auge pasó algo inesperado: se inventó internet y el formato PDF. Esto descolocó por completo el negocio editorial. Antes solo podías leer un artículo si tu institución estaba suscrita a la versión en papel de la revista, o si el autor te enviaba una impresión oficial del trabajo, los famosos *reprints*, que eran pocos y costosísimos. Podías tirar de fotocopias, pero tenía que haber una fuente original de por medio. Con internet y el PDF todo esto se desmoronó, los ficheros digitales empezaron a pulular por el mundo, cientos y cientos a cada clic del teclado, y a los tiburones de las editoriales se les estaba a punto de colapsar el negocio. Ya nadie compraba *reprints*, y la suscripción empezaba a ser en muchos casos opcional, o por lo menos no tan estrictamente determinante como antes. Necesitaban una idea y, en este momento histórico en el que estamos, con sus excesos sin precedentes de hipocresía social, salvaron el barco metiendo de por medio el derecho a la información y el bien de la divulgación del saber. Como muchos lectores ya no pagaban por los artículos, estas mentes brillantes pensaron entonces en... ¡hacer pagar a los mismos autores! Se inventó el método *open access* [acceso abierto]: el autor paga los gastos de su propia publicación, y luego quien quiera se descarga gratuitamente el artículo. Se apeló a la injusticia de los pobres del mundo, que no pueden permitirse el lujo de abonarse a las revistas. Se apeló al bien de la ciencia, que así podía ser accesible a todas las personas del planeta. Y se montó todo un tinglado de *marketing*, de plataformas y de promoción, con el fin de vender el *Open Access* como el nuevo presente, innovador y necesario, de la investigación. La maniobra no tenía como único objetivo a los investigadores, sino también a las instituciones, a las que el mercado desde entonces intenta engatusar para que obliguen a sus investigadores a publicar artículos de pago, siempre y solo por el bien del saber mundial. De hecho, hoy en día muchos proyectos exigen publicar en esta modalidad y establecen una cuantía de dinero destinada a estos gastos. Y, atención, que no hablamos de calderilla, porque aunque los precios varían mucho en función de la revista o del tipo de publicación, en general hablamos de entre mil y dos mil euros por artículo. Es decir, el científico se tiene que buscar por su cuenta la financiación para hacer sus investigaciones, y luego tiene que pagar para que se las publiquen. Perverso, retorcido y, aparentemente, absurdo e inviable. ¡Vaya por Dios, ha colado perfectamente!

Así que el sistema *Open Access* permite a cualquiera descargar los artículos pero, vistos los precios, no permite a cualquiera poder publicar, a no ser que uno entre en el círculo de la ciencia-mercado y empiece a recaudar dinero para sustentar a las multinacionales editoriales. Añadimos también que estos artículos vienen revisados por otros científicos que dedican su tiempo y sus conocimientos gratuitamente a la causa, y que todo el proceso está coordinado por editores asociados que también de forma gratuita se dedican a controlar cada paso de la secuencia de revisión. En muchos casos la empresa editorial se limita a gestionar la plataforma digital de la revista, que además para muchos de sus aspectos tira de programas automáticos para todas las rutinas del proceso de edición. O sea, los editores y los revisores trabajan gratis, y el autor paga por su propio trabajo. Un verdadero chollo.

Pero el problema más serio de todo esto es que, con este tipo de sistema, el autor ya no es autor sino, una vez más, cliente. Y el cliente, no lo olvidemos, siempre tiene razón. Rechazar un artículo quiere decir, para la empresa, perder mil o dos mil euros, con lo cual hay que hacer lo que se pueda para dejarle publicar. Dónde empieza y acaba el límite de este «lo que se pueda» queda a discreción de la compañía, y está claro que no hay garantía de una selección objetiva. A los autores les hacen firmar documento tras documento para protegerse legalmente acerca de posibles conflictos de interés, mientras que la misma corporación está metida en ellos hasta el cuello.

Fue así como empezó ese mercado de artículos y de publicaciones donde las empresas aprovechan para sacar dinero, y los autores para tener artículos publicados en sus currículos. La ley de mercado se basa en la cantidad, un principio que nunca ha ido de acuerdo con la calidad, y los resultados no han tardado en manifestarse. Revistas desconocidas empezaron a aparecer de la nada como hongos, así como empresas que con un portátil montaban una editorial basada en una plataforma automática. Revistas *online* que publicaban todo lo que no pasaba la criba de las revistas de verdad, a menudo con procesos de revisión de los contenidos patentemente someros. Había hordas de investigadores/autores dispuestos a pagar por un poco de amor, y se produjo un efecto avalancha. Algunas revistas se la jugaron muy muy bien, y se volvieron incluso referencia para sus sectores. Frente a otras que siguen manteniendo el modelo tradicional (y que cuentan con todo mi respeto), y otras muchas que también siguieron como antes, pero dando al mismo tiempo la posibilidad de «abrir» los artículos pagando del propio bolsillo. Hay que decir que también hay unas pocas revistas (muy pocas) que son *open* de verdad, porque no hay que pagar ni para publicar ni para descargar los artículos. Son revistas de instituciones que buscan fondos ajenos para garantizar un acceso abierto de verdad a todos, pero desde luego se trata de unas pocas excepciones y, por supuesto, no compiten a nivel comercial.

Hay que mencionar además un fenómeno de explotación, algo más reciente y bastante descarado, de ciertas revistas (incluso algunas muy famosas) que han mantenido su modelo tradicional, pero que para no perder en competición económica han abierto «revistas papelera» colaterales donde se puede publicar... ¡todo lo que ellas mismas rechazan!

Pero todo esto es algo que quien trabaja en investigación sabe de sobra. Y, para quien se lo estuviera preguntando, igual que para la burbuja académica o para la mercantilización de los investigadores, también en este caso no hay un debate abierto acerca de esta contaminación entre ciencia y negocio. Hay colectivos que buscan alternativas, pero en general en los centros de investigación se acepta toda esta situación solo como pauta de los tiempos, sin más. A muchos autores/investigadores no les parece mal tener que pagar por publicar sus resultados, y muchos otros ni se han planteado las consecuencias morales o profesionales de todo ello. Para las instituciones, aquellas mismas que para fichar a un científico piden un currículo de éxitos económicos, este cambalache está bien enmarcado en el contexto de la ciencia-empresa, con lo cual apoyan del todo (y con un cierto regodeo) la maniobra. Y a los que no nos parece bien, pues lo de siempre, tachados de raritos y rezongones, de demasiado estrictos y exigentes para un sistema que no pretende ser justo o eficiente, sino sencilla y humanamente, conveniente.

PARTE III
Cognición y mente

La magia del cerebro

Nuestro cerebro es una máquina compleja que analiza,
considera, soluciona y engaña. Nos miente y nos traiciona,
a veces por ingenuidad, a veces, sencillamente, por magia.

Los filósofos y los biólogos llevan siglos debatiendo y peleándose sobre si la realidad existe o no existe, si podemos conocerla o tan solo imaginarla. Probablemente sea un debate que no vamos a resolver, pero quizá podemos coincidir en que nuestro cerebro no puede percatarse o procesar esta realidad en su integridad. Con lo cual, no nos queda otra que aceptar que de esta realidad conocemos solo lo que nuestra mente nos permite sondear y analizar. Será solo una parte de toda la información, y posiblemente será una información parcialmente sesgada. Antes vienen los sentidos, que tienen limitaciones y filtros, y pasan al cerebro solo una porción de esta realidad (en función de su sensibilidad, resolución y rangos de recepción de señales). Luego vienen las áreas cerebrales, que integran esta información sensorial en códigos y esquemas, sintetizando y, sobre todo, extrapolando. Es decir, el cerebro recibe la información sensorial, la ordena y la filtra según sus criterios para hacerse un esquema, y rellena los vacíos con sus expectativas y sus previsiones. Después de haber organizado dichas señales, comunica una parte de todo el conjunto a los niveles conscientes de nuestra mente, y es ahí donde nos enteramos o, por lo menos, creemos habernos enterado. Lo que nos llega es el resultado de una larga cadena de umbrales, de filtros y de decisiones que no tomamos nosotros. Nuestros sentidos, nuestro cuerpo y nuestras neuronas se encargan de analizar la situación, y nos comunican solo el resultado final de esta asamblea cognitiva. Y en cada paso de esta larga cadena de transmisión de la información, se puede hallar... la magia.

La Real Academia Española (RAE) define *magia* como «arte o ciencia oculta con que se pretende producir, valiéndose de ciertos actos o palabras, o con la intervención de seres imaginables, resultados contrarios a las leyes naturales», y también lo define como «encanto, hechizo o atractivo de alguien o algo». No se menciona la cognición o los sentidos, nada de flujo de información o de neuronas. Es algo oculto porque, literalmente, no se ve. Para nosotros primates, mamíferos que hemos hecho nuestra gran inversión y apuesta evolutiva en la visión, si no se ve, no existe. Por la misma razón, si no se ve pero actúa y tiene un efecto, damos por sentado que quiebra las leyes naturales. Y, por ende, es algo atractivo.

No es necesario ser escéptico, sino solo lógico, para reconocer que no lo sabemos todo sobre este universo, y que en cada época se ha etiquetado como «mágico» todo lo que sencillamente no era posible, con las informaciones de aquel momento, explicar o entender. Lo que ayer era magia, hoy es ciencia o tecnología. Afirmar que si no lo conocemos nosotros, entonces quiebra las leyes de la naturaleza suena bastante soberbio. Y, desde luego, no es nada fácil saber dónde acaba nuestra ignorancia y dónde empieza la leyenda y el mito. Pero sí que conocemos algunos de los límites de nuestros sentidos y de nuestro cerebro, y es ahí donde podemos hurgar para que surja la magia de forma sincera y espontánea, la magia de verdad, no la que quiebra las reglas de la naturaleza sino la que, al contrario, las aprovecha a su gusto y a su antojo.

Con el término *ilusionismo* la Real Academia Española (RAE) añade un matiz: «arte de producir fenómenos que parecen contradecir los hechos naturales». Entonces, según estas definiciones comunes, la magia pretende quebrar las leyes naturales (se deja abierta la posibilidad de que lo consiga o no), mientras que el ilusionismo, patentemente, lo simula. La palabra *ilusión* en sí misma es una confesión, una admisión sincera de que están jugando con nuestras capacidades de sentir y de entender. En realidad, es más que esto, es un desafío, una orgullosa provocación. El ilusionista es mucho más atrevido que el brujo, te dice a la cara que te va a engañar, te desafía a defenderte, y luego... te engaña. Te avisa de que habrá un artificio, y te da el tiempo de prepararte, de intentar evitarlo o descubrirlo, sabiendo que no lo conseguirás. Sabemos que una moneda no puede teletransportarse o que una persona no se puede desmembrar y luego volver a la vida (aunque siempre hay un listo que grita iluminado: «¡Es un truco!»... como si hubiera la posibilidad de que no lo fuese), con lo cual la verdadera magia es engañar a un cerebro que sabe que está a punto de ser engañado, y que a pesar de esto no es capaz de evitarlo. El ilusionismo es un ejercicio psicológico y mental de inmenso nivel cognitivo, un control exquisito y brillante de nuestras limitaciones y de nuestros sesgos. La Real Academia Española (RAE) tiene desde luego toda la razón, es un arte.[71]

---

[71] Quiero agradecer a Miguel Sevilla, excelente cicerón de esta arte oculta, su ayuda y asesoramiento sobre magia e ilusionismo. Hay unos cuantos libros que se han dedicado a la relación entre el ilusionismo y el cerebro, como *Los engaños de la mente*, de Stephen Macknik y Susana Martínez-Conde, o *Numismagia y percepción*, de Miguel Ángel Gea.

Podemos distinguir entre las ilusiones que se basan en la falta de información y las que se basan en manejar los mismos procesos cognitivos. En realidad, magia e ilusionismo mezclan íntimamente los dos componentes, potenciando sus efectos. Pero a nivel conceptual son dos mecanismos diferentes, y no viene mal diseccionarlos para estudiar sus elementos. Las ilusiones que juegan a ocultar información, al fin y al cabo, son como la magia de los misterios y de los arcanos, es decir, se aprovechan del hecho de que no sabemos todo lo que pasa dentro de la chistera. Aquí el genio del mago es más bien un ingenio, una habilidad ingeniera e ingeniosa: la capacidad de saber diseñar y orquestar un aparato o un montaje cuyo funcionamiento, sin conocer sus engranajes, es imposible desvelar. Las tramas y los efectos organizados por los grandes magos denotan una capacidad de imaginación, de lógica y de análisis que revelan mentes desde luego muy brillantes.

Pero para las ciencias cognitivas son mucho más interesantes las ilusiones que, en cambio, se aprovechan descaradamente de nuestro cerebro: no se limitan a esconderle informaciones, sino que lo manipulan sin rodeos. A nivel experimental, psicológico y etológico, todo un lujo. En este caso, podemos por lo menos separar cuatro ámbitos diferentes, y distinguir las ilusiones que se aprovechan de los sentidos, de la memoria, de la atención y de la previsión. Las ilusiones sensoriales se basan en procesos que no son perceptibles para nuestros sentidos. Se puede jugar un poco con la localización acústica, pero es a la visión a la que en nosotros primates hay que engañar. Hay movimientos que, sencillamente, son tan rápidos que nuestro ojo no es capaz de detectar, o que nuestra corteza occipital, encargada de descodificar las señales visuales, no piensa que sean importantes y pasa de procesarlos o de transmitirlos. Con la memoria se juega también aprovechando sus límites, porque no es posible recordar todo, o recordar detalles durante un tiempo muy largo. Los lóbulos temporales almacenan solo una cuota de información, y pueden encadenar una secuencia de elementos lógicos (un proceso llamado «recursión») solo hasta un cierto nivel, luego se pierden. Además, la memoria incluso se puede manipular, sesgando o sustituyendo los recuerdos. Orientar (o mejor, desorientar) la atención es uno de los pilares del ilusionismo, es la joya de la habilidad psicológica del mago, literalmente su verdadero as en la manga. La atención es en general un pilar de nuestros niveles cognitivos, porque es ahí donde los lóbulos parietales filtran, deciden lo que pasa la criba y lo que no, lo que es importante y lo que, en teoría, no lo es. Son filtros que trabajan sin que nos enteremos, una mezcla de adaptaciones evolutivas para no volvernos locos en un mundo sobrecargado de estímulos, y factores individuales canalizados por la experiencia y la vida de cada uno. Por último, se encuentran los trucos que se basan en inducir una falsa previsión. Esto de prever lo que va a pasar, nuestro cerebro lo hace todo el tiempo imaginando, extrapolando e interpolando, llevando a cabo análisis estadísticos subliminales que nos preparan para lo que, siempre en teoría, está a punto de ocurrir. Vivimos en una constante condición de esperanza. La corteza prefrontal evalúa alternativas, elimina unas cuantas, y se queda con las que supone sean las más probables. Muchos de estos aspectos que hemos mencionado tienen en común el formar parte de un único sistema fronto-parietal que llamamos «memoria de trabajo», donde un centro ejecutivo (previsiones y decisiones) se integra con un borrador visual y espacial (imaginación, atención) y con un almacén para memorias de breve duración (recursos mnemónicos y fonológicos).

Bueno, y esto sin olvidar que además hay un elemento psicológico añadido: muchas veces nos complace dejarnos engañar, renunciar a la lógica y creer en cosas raras, para poder sentir emociones diferentes y abandonarnos al placer de la sorpresa. La atmósfera mágica que envuelve y empaqueta el truco nos invita a disfrutar de esta puerta hacia lo irracional, y nuestro cerebro se da un homenaje dejándose llevar en este curioso camino lleno de extrañezas. Es un delicado equilibrio entre duda y entrega, donde hay que descuidar parcialmente la realidad, pero quedándose de todas formas anclado a ella, para poder disfrutar del asombro como se merece. Es decir, donde no llega el engaño del mago a veces le echamos un cable nosotros mismos y nuestro subconsciente nos entrega a sus ilusiones con gusto.

Aunque viene bien separar estos componentes a nivel teórico, hay que volver a decir que en realidad la magia y el ilusionismo recurren a todos estos aspectos a la vez, si bien en algunos trucos puede que prevalezcan uno o algunos de ellos. La buena magia es «multimodal», y utiliza en paralelo todos estos recursos cognitivos. Algunos efectos tiran más de procesos individuales y psicológicos, otros manipulan más los elementos orgánicos y neurobiológicos de nuestras capacidades. Pero en todos los casos utilizan limitaciones y umbrales de nuestros recursos cognitivos. Y claro, esas limitaciones y umbrales no son fijos, sino que presentan una variabilidad generalmente muy marcada. No todos tenemos las mismas capacidades mnemónicas o visoespaciales. Habrá individuos que tengan más o menos recursos que otros, y también habrá muchos casos en los que una capacidad no es ni mejor ni peor, sino solo sencillamente diferente. También a nivel de crecimiento y desarrollo individual, todas aquellas capacidades cognitivas se moldean con sus tiempos y sus secuencias, y hay trucos que los niños no pueden entender antes de una cierta edad, y otros que estos desvelan enseguida precisamente porque aún no tienen aquellos sesgos y aquellas cuadrículas de nuestro cerebro adulto.

Y esto sin considerar los casos más extremos, los que están en la periferia de nuestros estándares sensoriales o cognitivos. Hay muchas condiciones, trastornos y patologías en los que la respuesta sensorial, la capacidad mnemónica, la atención o la capacidad de previsión tienen defectos o excesos importantes, o sencillamente son muy pero que muy distintas. El síndrome de Asperger[72] se asocia, por ejemplo, a patrones muy peculiares de la atención, y sería interesante saber cuándo y por qué nuestra magia puede fallar con un autista, y qué tipo de ilusiones tendrían éxito con personas que perciben y analizan el mundo de una forma tan peculiar. Se conocen muchas alteraciones de la atención, de la memoria o de la capacidad predictiva, y tal vez no estaría mal usar los trucos de los magos para sondear mentes con capacidades o limitaciones distintas, como en los casos de daños frontales, depresión o hiperactividad. Incluso podemos valorar si estos juegos podrían utilizarse no solo para indagar estas condiciones, sino también para diseñar programas de entrenamiento y rehabilitación. Y, ya que estamos, tal vez no estaría mal plantearse si nuestros trucos mágicos, finamente calibrados para nuestros niveles promedios de capacidad sensorial, atención, predicción y memoria, funcionarían con... ¿un neandertal?

---

[72] Una condición que, generalmente, se suele integrar en el espectro del autismo.

Memorias de un cuadrilátero

Vivimos en un mundo en tres dimensiones, y damos
por sentado que, aunque no sabemos quiénes somos ni
a dónde vamos, por lo menos sabemos dónde estamos.
Pero el espacio no es un lugar, sino un modelo de la mente,
con sus rincones, sus límites y sus sorpresas.

Cuando hablamos de los grandes éxitos de nuestro cerebro, pensamos en la capacidad de cálculo o de planificación, en la memoria o en recursos como la velocidad o la precisión. Todas ellas son habilidades que tienen también nuestras máquinas (incluso mejor desarrolladas que nosotros). Las computadoras que manejamos a diario pueden almacenar muchas cantidades de datos o ejecutar algoritmos impresionantes, y todo con una precisión y una rapidez incomparables a las de su mismo creador, el ser humano. Pero todavía no son capaces de caminar bien. El control del cuerpo sigue siendo el gran reto de la cibernética, una disciplina donde los mejores constructores de robots compiten desde siempre no con máquinas mnemónicas, sino diseñando muñecos que intentan jugar al fútbol. También a nivel telemático, sabemos desde hace tiempo transmitir sonidos e imágenes (oído y visión) a distancia, pero los ingenieros de la comunicación aún no han logrado hacerse con el sentido más oscuro y más desconocido: el tacto.[73] La relación entre espacio y cuerpo es algo que todavía no hemos empezado a entender, aunque tenemos la sensación de que la cosa va mucho más allá de una sencilla mecánica muscular. Estamos empezando a sospechar que el cuerpo desempeña un papel en el proceso cognitivo, a través de su experiencia sensorial y como «puerto» de extensión (en el sentido informático) hacia el ambiente y la cultura material. También estamos descubriendo que el cuerpo es la unidad de medida cognitiva para sondear el espacio, el tiempo, y hasta las relaciones sociales. Cabe la posibilidad, entonces, de que hayamos subestimado el valor del cuerpo en nuestras capacidades mentales, al estar demasiado centrados en las neuronas y en comportamientos más sencillos de describir a la hora de valorar nuestros recursos cognitivos. Y, aparte de la coordinación y de las sensaciones del mismo cuerpo, algo que por fin se está empezando a considerar con más atención es la relación entre cuerpo y ambiente, es decir, la capacidad de integrar al individuo con su espacio físico.

Muchos pequeños detalles de nuestra vida cotidiana delatan que detrás del concepto de espacio se esconden complejos mecanismos neurales. Los que no han utilizado nunca un ordenador pueden encontrar, por ejemplo, una barrera insospechada y agotadora en el uso del ratón: asociar el movimiento horizontal del cacharro al movimiento vertical del cursor es algo para la mayoría de urbanitas asumido y «natural», pero es un inconcebible rompecabezas de coordinación motora para quien no lo haya practicado nunca. Y, a bote pronto, nadie sabe tampoco reconocer la cara de un amigo si le enseñan su foto boca abajo, a pesar de que

---

[73]   Véase también el artículo «Con-tacto», en este mismo libro, así como «Cuerpo a cuerpo» disponible en *Jot Down*.

la imagen sea la misma cuando la miramos en posición natural: la geometría es idéntica, pero la orientación diferente bloquea nuestras capacidades de asociación y reconocimiento de los elementos que forman la cara. Nigel Barley,[74] en su estupendo y entretenido libro *El antropólogo inocente*, relata incluso cómo poblaciones que no han entrenado sus capacidades visuales con imágenes bidimensionales no son capaces de distinguir una cara en una foto (de ahí un intercambio algo gracioso entre cazadores-recolectores de sus fotografías para los documentos de reconocimiento). Todos estos ejemplos sencillos nos revelan que nuestra experiencia cotidiana, visual y cognitiva, se basa en una continua hibridación de informaciones en dos y tres dimensiones, que nuestro cerebro arregla ocultamente a la luz de las informaciones espaciales que consigue descodificar. Basta con analizar las interpretaciones de un sencillo mapa para desvelar que cada uno de nosotros tiene capacidades de interpretación espacial muy pero que muy distintas. Es curioso cómo en algunos países (en general aquellos en los que, además, se conduce por el lado izquierdo, como Reino Unido o Japón) los mapas en las calles se orientan según el punto de vista del peatón, mientras que en otros se utiliza siempre la convención norte-arriba. Y, en ambos casos, los que estamos acostumbrados a una de las dos formas nos volvemos locos con la otra. El mismo sentido de circulación de los coches esconde una mezcla de vínculos biológicos (nuestro cerebro es asimétrico y no procesa de igual manera la información que procede de la izquierda o de la derecha) y de vínculos culturales (costumbres y tradiciones que a veces se han beneficiado de nuestro bagaje evolutivo, y a veces han chocado contra el mismo). Para alinearse con la tendencia europea, en 1967 Suecia programó el «Día H», estableciendo un parón

---

[74] *Kingston upon Thames*, 1947.

de todos los coches durante algunas horas (h) para luego, a la de tres, pegar un cambiazo nacional al sentido de la circulación de la izquierda a la derecha. Tuvo que ser un experimento de cognición visoespacial interesantísimo, y una escena de locura general, que a pesar de todo tuvo un éxito rotundo.

Sobre el tema de orientación y mapas confieso que, con un poco de pillería, cuando pregunto informaciones por ahí sobre un lugar o una dirección siempre me gusta ver cómo contesta la gente, en plan test psicométrico visoespacial improvisado.[75] Es difícil que una información espacial pedida por la calle logre un resultado eficiente, porque el entrevistado intentará comunicar su modelo mental según los cánones compartidos (como lenguaje, puntos cardinales, orientación), encajando de mala manera sus percepciones geométricas personales, que son en realidad filtradas y ordenadas según criterios, prioridades, referencias y capacidades muy particulares y subjetivas. Asimismo, el receptor de la información intentará encajar toda aquella geometría ajena en sus modelos espaciales, y el resultado es que a la primera esquina los dos «mapas» ya no coinciden, y tiene que preguntar otra vez. Aun teniendo un mapa en la mano, el resultado puede ser asombroso: hay quien ni siquiera lo necesita, por ser capaz de «manejar» mentalmente todas las informaciones geométricas, y quien no lo sabe entender ni siquiera mirándolo con sus propios ojos. Todo esto delata un secreto: una increíble, asombrosa e insospechada variabilidad en nuestras capacidades visoespaciales.

---

[75] Aparentemente, hoy en día esto ya es más difícil de justificar, porque todos tenemos aplicaciones GPS que nos llevan adonde queremos. Aun así, es curioso cómo muchísimas personas, a pesar de saber que tenemos con nosotros estos artilugios, insisten en querernos dar su versión de cómo llegar a un sitio u otro, suponiendo que su explicación lingüística (en general, un larguísimo conjunto de indicaciones subjetivas y parciales) pueda mejorar la labor de los mapas automáticos y visuales. Los mismos mapas digitales, de todas formas, ofrecen la posibilidad de curiosear en las habilidades espaciales de quien intenta utilizarlos.

A nivel de hemisferios cerebrales, se sospecha que el derecho tiene un papel más relevante que el izquierdo en la gestión del espacio, pero tampoco nos queda claro dónde empiezan y acaban funciones y responsabilidades de las áreas corticales involucradas. A nivel de diferencias entre géneros, se ha confirmado muchas veces que los hombres tienen una capacidad visoespacial más desarrollada que las mujeres. Hay quienes lo interpretan como un resultado genético y quizá evolutivo (el hombre cazador que controla el territorio), y quienes lo consideran un resultado cultural (los hombres entrenan más sus capacidades visoespaciales a raíz de sus papeles sociales y culturales). Sabemos tan poco sobre este asunto que estamos lejos de encontrar una respuesta. Pero sí que sabemos que estas capacidades son extremadamente sensibles al entrenamiento. Los chavales de la generación de los videojuegos tienen capacidades cognitivas y áreas de la corteza cerebral moldeadas a base de horas y horas de entrenamiento ojo-mano frente a la pantalla. Hasta un macaco entrenado en el uso de objetos para gestionar tareas espaciales presenta variaciones cerebrales asociadas a las áreas de integración visoespacial después de unas pocas semanas de práctica. Así que desconocemos cuánto de todo esto puede ser evolución, selección, genética o cultura; cuánto se debe a la especie y cuánto se debe al individuo.

El cuerpo se establece como medida del espacio y del tiempo a través de su experiencia y de sus sensaciones. La corteza sensorial del cerebro lo mapea según la importancia de sus elementos, empezando por las manos, que son las áreas más representadas. La corteza parietal coordina el cuerpo con el mundo externo a través de la integración entre el mapa de sí mismo y la información visual que le pasan los lóbulos occipitales. Las mismas áreas parietales son también cruciales para la gestión del sistema ojo-mano, un sistema particularmente complejo y especializado en los primates. La corteza temporal manipula la geometría y los archivos de los mapas espaciales. La corteza motora retransmite al cuerpo los resultados de las distintas asambleas neuronales, para cerrar el círculo y empezar una nueva ronda. Se llama «percepción háptica» la que se capta a través del cuerpo, y cuenta con el sentido de la posición corporal (propiocepción) y de su movimiento (cinestesia). Se suelen considerar dos formas de coordinar el propio cuerpo en el espacio. Por un lado, las representaciones «egocéntricas» son aquellos mapas mentales donde el sujeto es central, y las otras referencias se colocan en función de la posición respecto al sujeto (imaginaos los videojuegos donde hay que moverse por un laberinto). Por otro, las representaciones «alocéntricas» miran, por el contrario, al espacio desde una posición global, independiente del sujeto, a vista de pájaro, donde el sujeto es un elemento entre los otros (imaginaos los videojuegos donde se ve al sujeto moverse desde arriba). Está claro que estas perspectivas no son excluyentes, y el cerebro utiliza las dos informaciones de manera complementaria.[76] Todo ello después de haber filtrado la información sensorial, haber decidido lo que es importante y lo que no lo es, y haber generado relaciones entre los elementos de este juego de coordenadas. Y aquí hay dos puntos cruciales de la partida. Primero, todo esto es un proceso subconsciente, del que el cerebro nos informa solo de modo muy parcial. Segundo, es un proceso formado por muchos componentes distintos, y para cada uno tendremos de manera individual una capacidad más o menos desarrollada, o incluso diversamente desarrollada. Como resultado

---

[76] Hay más estrategias cognitivas para orientarse en el espacio. Por ejemplo, muchas personas usan más la memoria que la capacidad espacial, escogiendo puntos de referencia para tomar decisiones espaciales.

final, cada persona ve el mundo y sus espacios de una forma diferente. Los códigos sociales esconden y disfrazan estas diferencias, estableciendo una terminología común y criterios compartidos, y será casi imposible entender «cómo» de diferente vemos el mundo, precisamente por lo subjetivas y distintas que son nuestras capacidades espaciales.

En resumidas cuentas, los mecanismos visoespaciales y de orientación son algo todavía poco conocido, se expresan de forma muy pero que muy variable entre individuos, y son además muy sensibles a la influencia del medioambiente y de los procesos de entrenamiento. La tecnología ha impulsado una extensión cognitiva importante en este sentido. Los videojuegos entrenan nuestras capacidades egocéntricas y alocéntricas, el mundo de las imágenes moldea nuestros filtros geométricos y amplía nuestros archivos visuales, los satélites y los GPS nos guían diariamente en nuestros caminos, e internet nos permite estar mucho más allá de donde esté nuestro cuerpo. La tecnología, igual que ocurre con las capacidades mnemónicas o de cálculo, limita la responsabilidad del cerebro y a la vez aumenta la capacidad de la mente, extendiendo sus funciones fuera de nuestro cráneo.[77]

En 1884, Edwin Abbott Abbott[78] publicó una increíble aventura matemática: *Planilandia, una novela de muchas dimensiones*. El libro es una sátira de la jerarquía victoriana, donde las castas sociales se deciden en función de la complejidad geométrica de los individuos (los nobles son polígonos, los obreros son triángulos, los criminales son formas irregulares, y las mujeres son... ¡líneas!). Pero la novela es también un increíble rompecabezas geométrico, basado en un mundo bidimensional (*Flatland*) que no puede

[77] Véase en este mismo libro el artículo «Extendida Mente».

[78] Londres, 1838-Londres, 1926.

llegar a entender la tercera dimensión. En un mundo en dos dimensiones, quien descubriese la tercera sería capaz de cosas increíbles, como cruzar paredes, desaparecer o transformarse en su ser especular. Las mismas brujerías de que sería capaz quien, en un mundo tridimensional, pudiese descubrir un cuarto eje espacial. Una pena que nuestro cerebro no esté diseñado para ver qué hay fuera de esta viñeta y, por si acaso, salirse de ella para dar un paseo. Tal vez se trate solo de practicar, desarrollar una perspectiva, así como nos hemos acostumbrado a mover el ratón del ordenador o a reconocer caras en una hoja plana. O, más probablemente, nuestro cerebro y nuestros sentidos nos vinculan y nos atrapan en este espacio tridimensional, y no nos queda otra que disfrutar de ello. Eso sí, recordando que lo percibimos de forma muy diferente, tan diferente que a lo mejor es imposible de expresar. Reciclando el sabio y frustrante sofisma de Gorgias de Leontinos,[79] podemos quizá afirmar que el espacio en el que vivimos en realidad no existe, y si es que existe, no podemos llegar a entenderlo, y si es que podemos de alguna forma llegar a entenderlo, sería imposible, finalmente, explicárselo a los demás.

[79]   Leontinos, 460 a. C.-Lárisa 380 a. C.

¡A lo tonto!

*Dedicamos muchos estudios a entender
qué es la inteligencia, pero ¿y la estupidez?*

En 2015, unos psicólogos húngaros publicaron en la revista *Intelligence* un artículo de investigación con el título «¿Qué es estúpido?».[80] En él se preguntaban acerca de los criterios de la gente para calificar a alguien como estúpido, y habían organizado un estudio para intentar averiguarlo. Según sus resultados, hay consenso sobre los comportamientos que se etiquetan con el sello de la estupidez, y que en general se pueden clasificar en tres grupos. En primer lugar vienen los comportamientos que generan situaciones de riesgo a causa de una limitada capacidad o de un escaso conocimiento. En segundo lugar encontramos aquellas situaciones asociadas a una falta de atención o a una falta de practicidad. En tercer lugar están las situaciones donde un trasfondo emocional genera una pérdida de control. Las tres tipologías pueden asociarse a niveles diferentes de estupidez, en función, sobre todo, de la gravedad de las consecuencias y del grado de responsabilidad de la persona implicada. La cuestión no es trivial, por dos

---

[80] Aczel, B., Palfi, B., y Kekecs, Z. (2015). «What is stupid? People's conception of unintelligent behavior». *Intelligence*, 53, 51-58.

razones. La primera es que, no nos engañemos, sabemos de sobra que los comportamientos estúpidos son el pan de cada día, con efectos que van desde lo liviano hasta lo catastrófico. La segunda es que, desde el afán de dar con la clave de la inteligencia, quizá no venga mal hurgar en qué pasa con su ausencia.

Y aquí está claro que nos topamos, antes de empezar, con la dificultad de dar una definición clara y única de la inteligencia y de la estupidez, porque son términos que se pueden utilizar de manera muy diferente en función del contexto. De hecho, podemos considerar por lo menos tres ámbitos distintos en los que se suelen usar criterios diferentes a la hora de determinar qué es la inteligencia. Por un lado está la ciencia, que intenta establecer parámetros y variables medibles y lo suficientemente objetivos. Luego vienen el sentido común y el bien común, que dan más peso a factores morales o éticos. Finalmente, vienen los sentires populares, que amalgaman todo aquello con una heterogeneidad de emociones subjetivas, experiencias personales, y vínculos sociales. Sin duda, los tres ámbitos se mezclan y se contaminan, difuminando sus confines y generando incomprensiones cuando intentan usar las mismas palabras sin saber que estas se nutren de significados e interpretaciones diferentes.

A pesar de ser más o menos antitéticas a nivel de percepción general, inteligencia y estupidez se pesan, curiosamente, de forma distinta. Una razón fundamental es porque son conceptos que tienen un importante componente social. De hecho, a menudo hablamos de «personas» inteligentes o estúpidas, pero sería mejor hablar de «comportamientos» inteligentes o estúpidos. Y esto, por un lado, es porque nuestros comportamientos tienen cierta variabilidad, y el resultado no siempre se corresponde con nuestras capacidades reales. De hecho, personas con altas capacidades cognitivas pueden llevar a cabo comportamientos estúpidos, porque fallan en algún otro componente mental, carecen de información, o no adecúan la respuesta al contexto. Pero la razón más interesante quizá sea que inteligencia y estupidez muchas veces no son características de las personas que ejecutan una acción, sino de los que la juzgan. Un comportamiento inteligente en un contexto puede tacharse de estúpido en otro. Un caso extremo es la evolución, que, pensando en el bien de la especie, tiene valores muy distintos a los que tenemos como sociedad. Comportamientos que pueden ser «inteligentes» a nivel filogenético (como asaltar, matar) pueden, de hecho, ser terriblemente estúpidos si los traemos a la escala de nuestras existencias individuales.[81]

Pero, aun sin retrotraernos tanto en el tiempo y enfocándonos en una escala más propia de nuestra vida, el juicio sobre una acción depende siempre de los ojos de quien la mira. Las etiquetas de «inteligente» o «estúpido» están condicionadas por las expectativas de quien observa, y no dependen necesariamente de las características intrínsecas de quien está siendo evaluado. Y he aquí, en parte, el peso diferente que se les da a los dos opuestos: investigar a los inteligentes es un halago, mientras que investigar a los estúpidos sabe a juicio social. Quizá ese toque de «políticamente incorrecto» ha contribuido a desarrollar un interés científico hacia la inteligencia, pero un interés hacia la idiotez más bien solo clínico.

Y aquí puede ser interesante investigar el origen de los insultos, recordar que la palabra *idiota*, en su raíz semántica, se refiere a quien se ocupa exclusivamente de sus cosas personales y particulares, mientras que la palabra *imbécil* se refiere a la debilidad física

---

[81] Os invito a leer el artículo «La leyenda del hombre mono, su triunfo y su maldición», disponible en *Jot Down*.

y anímica. Con el tiempo, el veredicto popular, quizá mediante un proceso de subconsciente comunitario, puso todo en el mismo saco, asociando sin más la estupidez a una condición que integra, trágicamente, egoísmo y fragilidad. La Real Academia Española reconduce los dos términos al de «tonto», como «falto de inteligencia y de entendimiento», y que procede nada más y nada menos que del sonido del trueno, el cual te deja, literalmente, atontado, atónito, pasmado, boquiabierto.

Sin embargo, la psicología pretende ir más allá de las construcciones sociales, e intenta cuantificar todas las características cognitivas con métodos más experimentales. La psicometría es la disciplina que se encarga de diseñar aquellos tests que, con tareas preestablecidas y esquemas verificados, puedan medir, por ejemplo, nuestras habilidades analíticas, verbales, mnemónicas, espaciales o numéricas. Entre todas estas habilidades siempre se encuentra cierta correlación: cuando aumenta una, aumentan, en promedio, las otras. Muchos psicólogos identifican en esta correlación un factor común que llaman inteligencia general o «factor g».[82] Según esta interpretación, lo que llamamos «inteligencia» no sería una habilidad más, sino la capacidad de integrar unas con otras las diferentes habilidades. Así que puedes tener una gran capacidad matemática o lingüística, pero si no eres capaz de coordinar todas tus habilidades entre sí, el resultado general de tus comportamientos va a ser poco acertado. Según este criterio, entonces, la inteligencia es una dimensión, una capacidad de integración más o menos desarrollada, con una variación continua y sin saltos en la población. Por ende, es un carácter continuo que se puede calcular, si bien no distingue entre categorías. Es como

---

[82]   Aprovecho para agradecer a Roberto Colom todos los comentarios que me ha proporcionado sobre estos temas durante tantos años.

la estatura: hay quien es más alto o más bajo que otros, pero es siempre un concepto relativo. En este caso, no existe, pues, «el estúpido», a menos que no se decida un umbral de referencia convencional y arbitrario. La estupidez sería el inverso de la inteligencia, o sea, la dimensión contraria, sin que las dos representen polos extremos y opuestos. En este sentido estadístico, de todas formas, si la persona inteligente es la que tiene una gran capacidad de coordinar el conjunto de sus destrezas, la persona estúpida es la que tiene muy poca. Y, una vez más, confirmando el distinto peso que damos a las dos direcciones, las reglas sociales nos aconsejan sustituir el «más estúpido que», por la falsa cortesía de «menos inteligente que».

Carlo Cipolla, al desglosar las leyes fundamentales de la estupidez humana intenta conciliar el aspecto personal y el social de la estupidez, y nos conduce finalmente hacia la perspectiva más moral del tema, conjugando el valor ético y el valor utilitario de la inteligencia.[83] Reconociendo la sacralidad del lema latín *Primum non nocere* («Primero, no dañar»), propone identificar como inteligentes a los que se hacen bien a sí mismos haciendo bien a los demás, y como estúpidos a los que se dañan a sí mismos perjudicando al mismo tiempo a los demás. En este caso, ambos valores se cuantifican con el resultado final más que con una propiedad intrínseca de la persona, y sobre todo con un cálculo necesariamente a largo plazo. Este resultado final, después de todo, se llama calidad de vida: la tuya y la de quien se relaciona contigo. Y esto nos lleva, quizá, a enmarañar un poco más las cosas, porque es un valor que no depende ni de cómo nos ven los demás, ni

---

[83]   Cipolla publicó un breve texto irónico con el título *Allegro ma non troppo* [Las leyes fundamentales de la estupidez humana]. Véase también en este libro mi artículo «Vitruvianos, talosianos y otros monos cabezudos».

de cómo ni en qué medida sabemos resolver los problemas, sino, sencillamente, de cómo nos sentimos y hacemos sentir a quienes nos rodean. Resultaría, en este caso, que la inteligencia (o la estupidez) se podrían medir con algo que depende de un equilibrio apropiado entre lo que somos (dentro) y lo que vivimos (fuera). Algo que es muy parecido a lo que llamamos «felicidad». Lo cual, claro está, podría a veces estar en contraste con cómo nos juzgan los demás, o con nuestras habilidades para resolver rompecabezas.

El límite depende de las palabras, y de las definiciones que usamos para razonar con conceptos amplios y borrosos. Cuanto más general es un concepto, más sujeto estará a interpretaciones y alternativas, zarandeado entre sentido común, pulsiones populares y enunciaciones científicas. Como hemos visto, puede que la definición social de inteligencia sea muy consistente, pero ya sabemos cuántas veces la horda sentencia a lo bruto, más a partir de las emociones que de la razón. De hecho, la frontera entre genialidad y locura, forjada por criterios estrictamente sociales, suele ser tan sutil como dudosa. En este caso, estúpido es quien no cumple con las expectativas de la multitud, lo cual no garantiza, precisamente, un veredicto fidedigno.[84] La definición psicométrica es cuantitativa y, en apariencia, universal, pero depende de algoritmos y números, que no siempre saben de qué va la vida. Además, la estadística funciona muy bien con la masa, pero puede fallar tremendamente cuando intenta etiquetar a los individuos. En este caso, el estúpido es el que no posee una gran capacidad de integrar sus habilidades, y lo es con independencia de sus intenciones y de las consecuencias de sus acciones. Y, por último, están las definiciones, que, en lugar de la capacidad mental de alguien, solo consideran los efectos de sus actos sobre su propio bienestar y

---

[84] Recomiendo leer el poema *Un loco*, de Antonio Machado, que deja esta situación bien clara.

sobre el de los demás. Desde luego, la felicidad o la bondad son difíciles de medir, pero suelen reconocerse sin necesidad de muchos cálculos. En este caso, el estúpido es quien, con independencia de qué piensa la gente o de su cociente intelectual, vive mal y hace vivir mal a los demás. Y esto nos lleva a la única conclusión cierta, tajante y sincera, una conclusión que es tan solo empírica y no necesita saber en qué consiste exactamente la inteligencia: la única forma de lidiar con un estúpido es no interactuar con él. Creo que fue Albert Einstein quien dijo que una persona inteligente resuelve problemas, mientras que una persona sabia, sencillamente, los evita.

Extendida Mente

Después de tanto tiempo confiando ciegamente en el cerebro,
casi nos ofende pensar que tal vez este no trabaje solo.
Pero es una posibilidad que, por lo menos, hay que considerar.

Llevamos mucho, mucho tiempo, repitiendo como un mantra que el cerebro es «el órgano de la mente», el lugar donde nace el pensamiento, la cabina de mando, la sala de los botones donde una milagrosa y complicadísima red de cables forja nuestro ser, nuestra forma de razonar y de ver el mundo, nuestras ideas, nuestras decisiones y nuestros recuerdos, nuestras increíbles capacidades y nuestras inevitables limitaciones. La visión cerebrocéntrica está tan aceptada que la damos por asumida, un dogma tan cierto que no hay que perder tiempo en averiguarlo o demostrarlo. Una certeza tan obvia que resulta francamente impopular llevarla a discusión. Huelga decir que todo este paquete de posiciones firmes y acríticas es justo lo que la ciencia tendría que evitar. En la religión o en la política suelen ser suficientes la fe o la esperanza, pero en la ciencia se necesitan pruebas, y sería mejor evitar certezas que se defienden por sí mismas. En el caso del cerebro como máquina autónoma del pensamiento, hay por lo menos dos asuntos que no podemos obviar.

El primero atañe a la casi total falta de evidencia que pueda respaldar esta posición, a pesar del enorme esfuerzo que hemos puesto en el último siglo para defenderla. No tenemos pruebas que contrasten la autonomía del cerebro, pero tampoco tenemos pruebas que la demuestren. Hemos hurgado sin piedad en tejidos, células y moléculas, y no hemos encontrado ni rastro de la chispa de la mente. Cuanto más hemos diseccionado los detalles orgánicos de nuestras neuronas, menos hemos encontrado el escondite del pensamiento. Debería de ser lógico reconocer que estudiar las neuronas sirve para saber cómo estas funcionan, no cómo funciona el cerebro. Los sistemas complejos se caracterizan por ser algo diferente a la mera suma de sus partes, con lo cual es normal que, cuanto más entramos en detalle, más perdemos de vista el conjunto, sus reglas, sus patrones. Y si bien el conjunto «cerebro» tiene fronteras claras, el sistema «mente», desde luego, es mucho más difícil de localizar. Así que, en primer lugar, hay que reconocer con humildad que el estudio minucioso del cerebro como órgano de la mente nos ha proporcionado inestimables informaciones, pero nos ha dicho muy poco de cómo funcionan nuestras capacidades cognitivas.

El segundo punto atañe a las alternativas. Hace ya un par de décadas que hay teorías diferentes sobre mente y cognición, que van más allá de las fronteras del cráneo. Los filósofos fueron los primeros en recuperar unas cuantas perspectivas holísticas, ideas con profundas raíces en muchas culturas ajenas al mundo industrial y occidental, que extendían el proceso mental hacia fuera de la máquina cerebral. La teoría de la mente extendida, por ejemplo, incluye el cuerpo y el ambiente en el mecanismo cognitivo, un ambiente que en su definición abarca la cultura y, por supuesto, la tecnología.[85] Según

---

[85] Entre los muchos libros sobre estos temas, puedo sugerir: *Natural-Born Cyborgs*, de Andy Clark, y *How Things Shape the Mind*, de Lambros Malafouris.

esta perspectiva, la cognición (la «mente») no sería el «producto» del cerebro, sino un «proceso» que surge de la interacción entre cerebro, cuerpo y herramientas. Atención, que no estamos hablando de metafísica o de espiritualidad, sino de reacciones bioquímicas y metabólicas que, aunque ancladas en las reglas de la biología, necesitarían de elementos alojados externamente al sistema nervioso para poder arrancar, ejecutarse, y llevarse a cabo propiamente. Claro está que, cuando los biólogos se han interesado por esta perspectiva, han tenido un problema que los filósofos pueden descuidar: en ciencia hay que demostrar, confirmar con experimentos y con números, cuantificar, contrastar y evaluar probabilidades. La cosa no es fácil porque, aparte de que a estas alturas todos tenemos un sesgo conceptual cerebrocéntrico muy importante, carecemos incluso de los paradigmas y de los métodos para analizar un algo que no tiene fronteras claras y que puede ser infinitamente grande, cuando casi toda nuestra ciencia está orientada desde hace mucho tiempo hacia las piezas aisladas y lo que es infinitamente pequeño. Así que los que han metido mano en este difícil asunto están aún trabajando con definiciones borrosas, métodos inciertos y técnicas todavía por inventar.

Ya sabemos que la ciencia padece una inercia importante, y los científicos son los primeros en enfadarse ante un cambio de paradigma que pone en entredicho sus certezas y, por ende, su autoridad. Así que el mundo cerebrocéntrico ha reaccionado de forma bastante dura e, incluso agresiva, ante estas propuestas de extensión cognitiva. Una de las críticas más frecuente es que esta teoría no ha sido demostrada. Como hemos dicho, tampoco la autonomía del cerebro lo ha sido, pero mientras que a esta última no le pedimos pruebas robustas, la extensión cognitiva se enfrenta a los juicios más severos y tajantes. Otro comentario habitual es que una calculadora puesta encima de una mesa no es capaz de pensar ni de hacer nada. Y en este caso hay que recordar que tampoco un lóbulo frontal o un cacho de corteza cerebral puesto encima de una mesa es capaz de pensamiento alguno. En general, se da por hecho que, para ser parte del sistema cognitivo, un elemento tiene que ser orgánico (hecho de carne) e interno al cuerpo. Pero ¿qué tal si implantásemos esa mismísima calculadora en el cerebro? Si esto me permitiera usar la calculadora sin tener que usar las manos y hacer cálculos complejos solo pensando en ellos, entonces aquella mismísima calculadora ¿sería parte de mi sistema cognitivo? ¿Y si sustituimos mecanismos fisiológicos por circuitos eléctricos que hagan exactamente lo mismo? ¿Y si el mismo flujo de información, asociado a un recuerdo o a una decisión, en lugar de viajar por neuronas pasara por una wifi? ¿Dónde acaba el cuerpo y empieza la herramienta cuando una persona lleva prótesis? Nuestra tecnología, hoy más que nunca, nos revela las dificultades de localizar una frontera entre los procesos cerebrales y cognitivos basándonos solo en la clasificación orgánico-inorgánico o interno-externo. El término «protésico» se asocia de manera automática al contexto médico, pero en realidad se puede referir a cualquier extensión de nuestro propio cuerpo, desde la bazuca de un cíborg hasta la piedra tallada de un neandertal, que, añadiendo un apéndice de sílice a su cuerpo, es capaz de hacer, sentir y pensar de forma diferente.[86] Podemos entonces entender por «capacidad protésica», de una especie o de un individuo, cierta capacidad de delegar funciones mecánicas, sensoriales o cognitivas, en elementos externos y ajenos al cuerpo, integrando estos elementos en sus propios

---

[86] Bruner, E., 2021. «Evolving human brains: paleoneurology and the fate of Middle Pleistocene». *Journal of Archaeological Method and Theory*, 28, 76-94.

esquemas personales. Una capacidad que sería de mucho interés para las atenciones de la selección natural, porque permitiría ir más allá de las limitaciones del cerebro. Nuestra tecnología amplía y potencia nuestras capacidades sensoriales (ver, oír...) y nuestras capacidades mentales (recordar, calcular, mapear, decidir...), que, sin embargo, dependen de estos elementos externos adjuntos.

Curiosamente, un modelo interesante para todo esto son... ¡las arañas! La tela de la araña es algo externo a su cuerpo, hecho por el mismo animal, pero su sistema nervioso, sensorial y cognitivo necesita de la tela para completarse.[87] La araña siente el mundo, entiende el mundo, razona sobre el mundo y toma decisiones sobre el mundo a través de un sistema continuo hecho por sus neuronas, sus órganos sensoriales y sus hilos de seda. La tela es una continuación de su sistema nervioso, fuera del individuo. Sin tela, además, la araña se muere, porque su nicho ecológico y cognitivo depende de ella. Asimismo, nuestra tecnología es nuestra telaraña, pues nuestra cultura y nuestra cognición dependen estrictamente de ella.[88]

Ojo, que tampoco hay que aceptar todo esto sin exigir pruebas. Desde luego, no se trata de cambiar un dogma cerebrocéntrico por otro que no lo sea, sino de evaluar alternativas. Es decir, reconociendo las limitaciones (y los fracasos) de la perspectiva de un cerebro autónomo, se trata de buscar y considerar otras posibilidades. Si es que cuerpo y ambiente son de verdad parte del proceso cognitivo, está claro que seguir hurgando solo en la caja del cráneo nunca nos llevará a conclusiones más amplias y contundentes. Así que

---

[87] Japyassú H. F., Laland K. N., 2017, «Extended spider cognition». *Animal Cognition* 20: 375-395.

[88] Se pueden definir las herramientas como componentes extrasomáticos o elementos periféricos de nuestro sistema cognitivo.

se trata de evaluar, como se merece una aproximación científica, esa posibilidad.[89] Por lo menos, en tres etapas.

Primero, hay que investigar si cuerpo y tecnología son efectivamente parte del proceso cognitivo. Puede ser la parte más difícil, pero unos cuantos equipos están en ello. Y hay criterios. Por ejemplo, se puede intentar estudiar en qué medida un cierto proceso depende por fuerza de la interacción entre dos componentes. Si un proceso no existe cuando los dos elementos están separados, entonces el sistema está formado por ambos elementos y se sustenta gracias a su interacción. También se puede estudiar la red de factores implicados en un proceso, y evaluar un umbral de «conectividad» que es necesario para decidir si dos elementos son parte del mismo conjunto.

Segundo, si es que cuerpo y tecnología son parte de nuestro sistema cognitivo, habrá que evaluar en qué medida. Es decir, hay que establecer cuán fuerte es esta dependencia. Por el momento hay quien ve el cerebro como una gran computadora y la tecnología solo como su apéndice, y quien, por el contrario, da un peso más parecido a los dos componentes. Desde luego, sin tecnología, nuestras capacidades orgánicas de calcular, recordar, analizar, ver o interpretar serían más que pobres, pero el «cuánto» se queda, por el momento, en una estimación subjetiva y personal.

Tercero, si la mente es un proceso que se sustenta en tres componentes, habrá que indagar los roles. Si bien el hecho de que el proceso requiera los tres elementos no quiere decir que los elementos cumplan las mismas funciones. Y otra vez podemos tener

---

[89] Algunos artículos sobre la posibilidad de localizar las fronteras del proceso cognitivo: Kaplan D. M., 2012. «How to demarcate the boundaries of cognition». *Biology and Philosophy* 27: 545-570. Wilson, M. 2002. «Six views of embodied cognition». *Psychonomic Bulletin & Review*, 9, 625-636. Wilson, M. 2010. «The re-tooled mind: how culture re-engineers cognition». *Social Cognitive and Affective Neuroscience*, 5, 180-187.

todo un abanico de propuestas, desde los que piensan que el cuerpo es solo la interfaz, y la tecnología, solo servidores externos que amplían potencialidades, hasta los que, en cambio, interpretan los tres elementos sin solución de continuidad, un «todo uno» donde las fronteras solo son convencionales.

El cerebro cabe en un cráneo, una mente puede que no. Siempre hemos pensado que el cerebro se parece a un ordenador, obviando el hecho de que igual la relación es inversa, es decir, que estamos diseñando nuestros ordenadores siguiendo, tal vez instintivamente, las reglas del cerebro. Y es curioso que, aun teniendo en cuenta las hipótesis sobre extensión cognitiva, la vieja analogía del cerebro computadora a lo mejor sigue aguantando perfectamente. Solo que en este caso sería un ordenador que, para funcionar, necesita de recursos adicionales (memorias externas, servidores lejanos y aplicaciones remotas) y puertos de integración de estas piezas adjuntas. La tecnología son los elementos que se quedan fuera de la caja del ordenador, y que de todas formas son partes activas e integradas del sistema informático y electrónico. Los puertos son el cuerpo, nuestras manos y nuestros ojos, interfaz activa y fundamental para organizar los flujos de entrada y de salida de la información. Y dentro de la caja está el cerebro, es decir, un microprocesador con un sistema operativo que establece las reglas. Podría funcionar por sí solo, pero únicamente para cumplir con funciones limitadas. Y a la semana ya no estaría actualizado y sería incompatible con los cambios del mismo medio que lo ha generado y que, no lo olvidemos, lo sustenta.

Con-tacto

El tacto sigue siendo el sentido quizá más desconocido de nuestras capacidades perceptivas y cognitivas. Sin embargo, cuenta con el órgano sensorial más grande que tenemos: nuestro cuerpo.

El cuerpo es la interfaz entre nuestro sistema nervioso y el mundo y, sin embargo, estamos todavía muy lejos de entender cómo funciona esta interacción enigmática entre lo que percibimos como «yo» y lo que interpretamos como «ajeno».[90] El tacto y el concepto de cuerpo siguen siendo los grandes retos de la robótica, porque aunque no competimos con nuestras máquinas a la hora de calcular (analizar datos) o recordar (almacenar datos), todavía no hemos logrado diseñar un robot que sepa andar como es debido. También a nivel de sentidos remotos, aunque desde hace tiempo enviamos lejos nuestras voces y sonidos y nos comunicamos visualmente con pantallas e imágenes, no sabemos cómo transmitir a distancia un abrazo. Es decir, controlamos bastante bien cómo funcionan un ojo y un oído, pero todavía se nos escapan los misterios de las manos. Lo cual es curioso para unos primates como nosotros, porque precisamente nuestro grupo zoológico es el que más ha invertido, a nivel sensorial y cognitivo, en un paquete de adaptaciones evolutivas

---

[90]   Véase también el ya mencionado «Cuerpo a cuerpo», disponible en *Jot Down*.

centradas en la visión y en el tacto. No es una casualidad que nuestro cerebro de primate esté desarrollado de modo particular en todas aquellas áreas corticales que atienden la visión, la percepción del cuerpo, la integración entre visión y cuerpo, la coordinación entre ojo y mano y, de modo especial en nuestra especie, la integración entre cerebro, cuerpo y herramientas.

Desde la mano de E. T. hasta *La creación de Adán* de Miguel Ángel, el contacto de las manos siempre ha representado algo más que un sencillo acto mecánico. Este conjunto de sensaciones que se activan cuando nuestro cuerpo tiene una experiencia física se puede etiquetar bajo el nombre de «respuesta háptica», lo cual incluye una serie de mecanismos sensoriales que se mezclan y se integran involucrando una larga lista de elementos y procesos que no son fáciles de desenmarañar a nivel terminológico y conceptual. La háptica a menudo se define como la ciencia del tacto, aunque la palabra *tacto* en sí misma puede que sea demasiado específica. De hecho, a menudo nos referimos al tacto solo para mencionar una serie de mecanorreceptores y terminaciones nerviosas (como los corpúsculos de Pacini o los de Meissner) que se activan cuando nuestra piel se deforma o recibe algún tipo de vibración en su superficie. Pero luego está la *propiocepción*, es decir, la capacidad sensorial de percibir nuestros elementos anatómicos (músculos y huesos) y sus posiciones, y la *cinestesia*, que nos informa de sus movimientos. A este sistema hay que añadirle por lo menos la *exterocepción*, que incluye la percepción de elementos externos al cuerpo.[91] Como podéis imaginar, estas definiciones

[91] En realidad, la exterocepción y la propiocepción comparten los mismos mecanismos, solo que se suelen separar por referirse a lo que ocurre fuera y dentro del cuerpo. En este sentido, utilizar dos términos puede confundir, o por lo menos ocultar que en realidad cuando añadimos «piezas» a nuestro cuerpo (herramientas) estas se interpretan, a nivel perceptivo, casi como elementos anatómicos adjuntos.

son útiles para hacerse una idea de las herramientas perceptivas y sensoriales que tenemos a la hora de sentir nuestro propio cuerpo, pero luego todos estos medios y procesos se mezclan, generando una integración común donde las fronteras entre un mecanismo y otro son convencionales. El sistema perceptivo es único, uno solo, y sus elementos son partes de una red de elementos que se influyen mutuamente, compartiendo funciones y generando una respuesta común, que hay que interpretar como conjunto y no como una suma de elementos aislados.

De hecho, además del tacto tradicional, podemos también hablar de un «tacto dinámico», que no depende de una sensación local de contacto, sino de la alteración que un elemento externo (como una herramienta) provoca en todo el cuerpo, cambiando su equilibrio de pesos, la distribución de sus fuerzas musculares y la percepción del propio cuerpo. Cuando agarramos un objeto, no solo es la piel de la mano la que percibe este objeto con sus corpúsculos. Para volver a equilibrar el cuerpo después de haberle añadido un elemento en una extremidad, todos los músculos tienen que reajustar sus tensiones. Imaginaos a Thor agarrando su pesadísimo martillo divino. Cuando la mano se ciñe a su mango, no se enterarán solo los mecanorreceptores de sus dedos. Todo el brazo redistribuirá sus fuerzas y, por ende, reaccionará el tronco y finalmente las piernas, que restablecerán un equilibrio general con la gravedad. A la hora de agarrar una herramienta, si el objeto es muy pesado, estos reajustes serán más patentes, pero esto no quiere decir que si el objeto es más liviano estos ajustes no tengan lugar. El cuerpo siempre se entera cuando le añadimos un elemento nuevo, y responderá, desde los párpados hasta el meñique del pie, para incorporar este elemento en su esquema general de pesos y medidas. Luego es el turno del cerebro que, una vez que el cuerpo haya establecido su nuevo equilibrio háptico, incluye este objeto en sus esquemas neuronales, como si fuera un elemento del cuerpo mismo. Estos cambios a veces son transitorios (cambios dinámicos), y a veces, sin embargo, llegan a moldear el mismo sistema nervioso (cambios plásticos). Así que entendemos que el concepto de «herramienta» va mucho más allá de una interpretación estrictamente física, y nos lleva directos a cuestiones cognitivas de mucha enjundia.

Hoy sabemos, de hecho, que el cerebro interpreta de forma muy distinta objetos que no están al alcance de nuestro cuerpo (están en un espacio extrapersonal), que están al alcance de nuestro cuerpo (están en un espacio peripersonal), o que están en contacto con nuestro cuerpo (en un espacio personal). Pero entonces, si el cuerpo es la interfaz de todo este complejo proceso de integración entre cerebro y mundo externo, está claro que tenemos que considerar que las capacidades hápticas pueden tener un papel importante en nuestras capacidades cognitivas. Al fin y al cabo, es un sistema biomecánico, hecho de perturbaciones físicas y de tejidos que se deforman, que nos llevan a percibirnos a nosotros mismos y a nuestros elementos adyacentes. En este sentido, el cuerpo es un «órgano» muy raro, distinto de los demás. La visión, el oído, el gusto y el olfato necesitan un medio de transmisión para cazar sus señales, por lo general un medio hecho de aire o de agua donde viajan ondas o moléculas. Sin embargo, en el tacto no hay medio de transmisión, o sea, la relación entre la causa (el contacto) y el efecto (la sensación) es directa, sin intermediarios. Esto claramente es algo muy peculiar para un sentido, y es quizá una de las causas principales de nuestras dificultades a la hora de entender y reproducir su funcionamiento. A nivel del sistema nervioso, además, es curioso cómo las regiones corticales del cerebro dedicadas a la sensación tienen más fibras que salen (del cerebro al cuerpo) que las que entran (del cuerpo al cerebro), lo que sugiere que «sentir» no es solo cuestión de recibir, sino también de regular y ajustar toda esta información, de gestionar cómo se recoge y cómo se distribuye.

El cuerpo es, además, un órgano sensorial muy heterogéneo, porque incluye los músculos y los huesos, pero asimismo los tejidos conectivos que empaquetan todo el organismo, como los ligamentos y los tendones, los cartílagos o la fascia (membrana que envuelve a todos los demás elementos estructurales). En este sentido, es interesante el concepto de *tensegridad*, o sea, «integridad tensional», un concepto introducido en su origen por arquitectos y artistas plásticos, pero que ahora está encontrando un terreno muy fértil en todos los campos de la biología. Un sistema con integridad tensional está en una condición de equilibrio que se basa en elementos elásticos y elementos rígidos que generan una distribución de tensiones y compresiones, un sistema de fuerzas que se contrastan y se anulan, permaneciendo en una condición de sensibilidad a las perturbaciones. Estas tensiones continuas, generadas por compresiones discontinuas, dan estabilidad a la estructura, que puede responder a una fuerza externa y luego volver a su condición original. Aparte de que es un principio que puede proporcionar muchas ideas estéticas a un escultor, viene bien a la hora de construir bóvedas y andamios que sean al mismo tiempo livianos y resistentes, además de para entender cómo funciona nuestra propia anatomía.[92] Sí, porque nuestro cuerpo, al fin y al cabo, es un sistema de elementos en compresión (los huesos) que separan elementos en tensión (los músculos). Y los mismos

---

[92]   Un artículo científico sobre este tema: Turvey, M. T., y Fonseca, S. T., 2014. «The medium of haptic perception: a tensegrity hypothesis». *Journal of motor behavior*, 46(3), 143-187.

tejidos están también formados por fibras que se organizan con equilibrios dinámicos. Finalmente, las mismas células tienen un andamio interno, el *citoesqueleto*, que está formado por microfilamentos y microtúbulos que actúan como elementos de tensión y compresión, y que cuando «sienten» una variación biomecánica activan una serie de repuestas bioquímicas que inducen cambios en la organización molecular de los tejidos (este acoplamiento entre variaciones físicas y fisiológicas se llama «mecanotrasducción»). Tenemos así un sistema tensional que enlaza lo micro y lo macro, moléculas, células, tejidos y órganos, generando un continuo flujo de información entre lo que somos y lo que sentimos.

Evidentemente, todo esto es muy complicado de estudiar con experimentos y estadísticas, porque nos faltan todavía muchos conceptos y herramientas para poder llegar a un nivel tan integrado de análisis y de comprensión que abarque tantos elementos, tantos procesos y tantos conocimientos. Es un campo muy multidisciplinar, que quizá podría dar unas cuantas sorpresas dentro de unos años. A la complejidad de estos mecanismos biológicos hay que añadir la variabilidad individual, porque con tantos factores en juego tenemos que considerar la posibilidad de que no todos tengamos los mismos parámetros y los mismos recursos. Percibir de modo distinto nuestro cuerpo puede llevarnos a diferencias cognitivas importantes, que merecen ser exploradas.[93] También tenemos que asumir que algunas de estas características vendrán de fábrica con el programa genético, mientras que otras serán susceptibles de entrenamiento y educación. Está de igual modo claro que hablamos de un campo con imprevisibles

---

[93] Hoy en día no se sabe aún cómo tratar las habilidades psicomotoras, táctiles y cinestésicas a nivel cognitivo. Se entiende que, más allá de sus habilidades mecánicas (como son sensibilidad, destreza o precisión), tiene que haber factores cognitivos importantes, pero todavía no se ha entendido cómo definirlos y, por ende, cómo medirlos con tests psicométricos.

aplicaciones en la medicina, porque se supone que cuando aquellos equilibrios no funcionan bien, algo puede ir muy mal.

Son aspectos, finalmente, cruciales a la hora de desarrollar las teorías sobre extensión cognitiva, que interpretan la mente como un proceso que se genera cuando la información fluye entre cerebro, cuerpo y ambiente.[94] En este sentido, es muy interesante que algunos autores hayan propuesto incluir, entre nuestras capacidades sensoriales, también la *expropiocepción* como la percepción del ambiente en relación al cuerpo, y la *proexterocepción* como la percepción de uno mismo en relación al ambiente.

Dicho todo esto, la pregunta del millón, como siempre, atañe a lo que supera al individuo: si el cuerpo es una unidad cognitiva programada para enlazarse con el mundo externo, ¿qué pasa cuando un cuerpo se enlaza con otro? Una de las claves evolutivas más importantes de los primates es la complejidad social, y las dinámicas de grupo se gestionan precisamente con el acicalamiento social (*grooming*), con las agresiones o con la sexualidad, o sea, todos ellos comportamientos que se basan estrictamente en el contacto físico. Incluso hay áreas del cerebro que se activan solo cuando nos tocamos a nosotros mismos, y otras diferentes que se activan solo cuando nos toca otra persona. En ambos casos, los mecanorreceptores de la piel que se activan son los mismos, pero la respuesta neural y cognitiva es totalmente distinta. Como un individuo es mucho más que el conjunto de sus células, una sociedad es mucho más que el conjunto de sus individuos. Y ya se trate de uno mismo o de las relaciones con los demás, es recomendable, está visto, procurar tener siempre cierto... ¡tacto!

---

[94] Véase en este mismo libro el artículo «Extendida Mente».

Ojos que no ven...

No sé si realmente se puede pensar con el corazón, pero tener un cerebro que latiera setenta veces por minuto sería un serio problema.

Blaise Pascal[95] dijo que el corazón tiene razones que la razón no puede entender, pero no olvidemos que el cerebro tiene neuronas que el corazón ni se puede imaginar. Cuántas veces oímos hablar de los problemas del corazón, de hablar al corazón, de seguir a tu corazón, pero luego vemos que la primera definición de la Real Academia Española (RAE) de *corazón* es la de «órgano de naturaleza muscular, común a todos los vertebrados y a muchos invertebrados, que actúa como impulsor de la sangre y que en el ser humano está situado en la cavidad torácica». Con lo cual, entendemos que los problemas de corazón atañen a la circulación sanguínea; que hablar al corazón se puede hacer, pero no va a funcionar porque no tiene oído y que a lo de seguir al corazón no tenemos alternativas, porque está fijo en nuestra caja torácica y no se puede sacar de ahí si uno quiere permanecer con vida. Pero todos sabemos perfectamente qué queremos decir al mencionar todos estos «asuntos» del corazón, y ni siquiera nos paramos a pensar por qué nos referimos a nuestro miocardio cuando

---

[95] Clermont-Ferrand, 1623-París, 1662.

hablamos de emociones y sentimientos, sobre todo si están relacionados con el amor. Asociar sentimientos y corazón es el legado de épocas donde el cuerpo-máquina o cuerpo-fábrica se dividía en sus elementos individuales cada uno con una función distinta dentro del proceso vital, y los mismos científicos hablaban de fuerzas inexploradas que discurrían entre órganos y tejidos. Diferentes culturas en diversas épocas han propuesto canales y corrientes para explicar el fluir de cierta energía, sin precisar qué otorga un espíritu vital a nuestros armazones corporales y, si uno se pone a mapear estos canales, quizá no sorprenda descubrir que se suelen solapar con lo que la ciencia occidental llama «sistema vascular». Y claro, si todos los caminos llevan a Roma, todos los vasos llevan al corazón, que entonces tiene que ser la fragua de los calores y de los temblores que azotan a nuestra mente atormentada. Además, el corazón es un órgano particularmente susceptible a las variaciones de nuestro sistema nervioso autónomo, y es justo en su cueva torácica donde más notamos los arrebatos emocionales, delatados con descaro por la ingenua sinceridad de nuestro latido cardíaco. Entre el corazón-fragua y el corazón-bombo, fue así que el miocardio se hizo con la fama de órgano pasional, bien sea a nivel de «emoción» (que según lo define la misma RAE es una alteración del ánimo intensa y pasajera, agradable o penosa, que va acompañada de cierta conmoción somática) o de «sentimiento» (estado afectivo del ánimo).

Efectivamente, hoy en día sabemos que el cuerpo es, con toda probabilidad, un elemento muy activo del proceso cognitivo. Nuestra mente, sus pensamientos y sus emociones se sujetan con firmeza en las sensaciones y en las percepciones. El cuerpo es la interfaz de entrada de nuestros sentidos, pero además es el único elemento tangible de nuestro «yo», un elemento que nos sirve de unidad de medida para habitar la realidad y establecer un contacto con el espacio, con el tiempo y con la gente con que compartimos esta nave espacial que, citando a Richard Buckminster Fuller,[96] llamamos Tierra. Así que, desde luego, tenemos que incluir el cuerpo en la gestión de nuestras emociones, no cabe ninguna duda.[97] Y el corazón, con sus latidos, es el marcapasos de la vida misma, metrónomo de nuestra propia historia, compás de nuestra existencia. Pero claro, hay que tener cuidado con el poder de las imágenes a la hora de usar parecidos y analogías, porque la mente humana con cierta facilidad se aferra a iconos y creencias que, si bien pueden ser funcionales en ciertos contextos, luego se vuelven un lastre si se toman demasiado al pie de la letra.

Insistir sobre el corazón (tu miocardio) como órgano del sentimiento y del amor puede conllevar por lo menos dos problemas. El primero es muy sencillo y atañe a la escasa capacidad crítica del ser humano: una mentira, repetida muchas veces, se vuelve verdad. Es decir, tanto repetir que el sentimiento surge del corazón que unos cuantos acaban creyéndoselo seriamente y olvidando que solo se trata de una analogía romántica. El segundo problema es más sutil: separar geográficamente la razón (el cerebro) y el sentimiento (el corazón) nos lleva a pensar que las dos cosas son distintas, independientes y, a menudo, en conflicto abierto. Y no es esta la evidencia que nos proponen hoy en día las neurociencias.

Primero, conocemos muchas regiones del cerebro implicadas de manera profunda en las emociones, así como muchos

---

[96] Milton, 1895-Los Ángeles, 1983.

[97] Parece que hay cierta similitud sobre dónde localizan las emociones en el propio cuerpo diferentes personas y culturas, lo cual sugiere que hay un trasfondo biológico y probablemente evolutivo. Un artículo sobre este tema, con mapas que resumen muy bien la distribución «física» de nuestras emociones: Nummenmaa, L., Glerean, E., Hari, R., y Hietanen, J. K., 2014. «Bodily maps of emotions». *Proceedings of the National Academy of Sciences USA*, 111, 646-651.

neurotransmisores específicamente dedicados a la tarea. Estamos muy lejos de saberlo todo, pero conocemos qué áreas de nuestro encéfalo chispean cuando estamos alegres, enfadados, asustados o enamorados. Sabemos de sus efectos en situaciones normales, y de sus fallos en situaciones patológicas. Así que, no viene mal recordarlo, parece que si queremos localizar elementos clave del proceso emocional hay que mirar al cerebro, y no al miocardio. Segundo, tenemos una clara evidencia, neurobiológica y psicológica, de que pensamiento y emociones no son procesos distintos, sino que forman parte de un único paquete cognitivo que llamamos «mente». Pensamos con nuestras emociones, y nos emocionamos con nuestros pensamientos. Los dos elementos no se pueden separar porque trabajan juntos, se sujetan el uno en el otro, y comparten circuitos y fisiología. No hay razón sin sentimientos, y no hay sentimientos sin razón. Tercero, a día de hoy la neuroanatomía ha desmentido la vieja idea anacrónica de un atávico cerebro emocional (a menudo, en plan ciencia ficción se le llama impropiamente ¡«cerebro reptiliano»!) al que los humanos hemos añadido un cerebro racional. Lo que se está viendo es que nuestro cerebro emocional no es para nada primitivo. Al revés, está más evolucionado y especializado de lo que podemos observar en muchas otras especies de primates o de mamíferos. Y quizá esto tampoco es de extrañar, porque los primates en general se caracterizan por sus increíbles estructuras sociales, los humanos somos los primates con el sistema social más complejo que se conoce, y las relaciones sociales dependen en gran medida de las relaciones emocionales. Sentimientos y emociones marcan las pautas de las relaciones de pareja, de las relaciones con padres, hijos y abuelos, y de las relaciones con la tribu. Todos los factores que tienen un peso asombroso en la *fitness* evolutiva, o sea, en el éxito reproductivo de cada uno, que es lo que, al fin y al cabo, pesa a la hora de pasar la criba de la selección natural. Es de esperar, entonces, que la especie que tiene la estructura social más compleja tenga también un sistema emocional muy complejo, finamente calibrado, y con raíces muy profundas en su historia evolutiva.

Así que, por el momento, mejor dejar que el corazón bombee la sangre, que ya es una tarea complicada y crucial, sin que le carguemos de responsabilidades que no tiene. Probablemente, Pascal no captó los detalles de la compleja relación entre razón y sentimientos, no se enteró de que están compinchados, de que hablan entre ellos todo el rato y de que lo deciden todo juntos, aunque luego a ti te ofrecen una versión simplificada y, a menudo, aparentemente conflictiva. Pero el conflicto no es entre ellos, sino entre tu mente y tu propio yo, que no consigue encajar estas emociones en su complejo andamio hecho de expectativas, ilusiones, responsabilidades, certezas, miedos y esperanzas. Las emociones marcan la aventura de nuestra propia vida y, como dijo Matthieu Ricard, biólogo molecular y monje budista, hay que dejar que vuelen como aves en el cielo: libres, pero sin dejar rastros.

Una mañana, después
de un sueño intranquilo

Todo fluye y, como cantaba Mercedes Sosa,
todo cambia. No hay vuelta atrás.

Nada se crea y nada se destruye: todo se transforma. Para Ovidio,[98] la metamorfosis representa el principio del cambio, una progresión híbrida entre historia y leyenda, entre mito y tradición, entre humano y divino, que moldea la sociedad hacia su camino épico y narrativo, glorioso y trágico a la vez. Para Kafka,[99] la metamorfosis es distancia, aislamiento social y, básicamente, incomprensión. En común tienen por lo menos tres aspectos. Primero, son inevitables. Segundo, marcan etapas. Tercero, tienen sus riesgos. En la naturaleza el concepto de metamorfosis abarca procesos que son muy parecidos porque, a pesar de sus diferencias y de su asombrosa complejidad, también comparten el mismo delicado equilibrio entre gloria y desdicha.

Los insectos son verdaderos maestros en este sentido, y nos pueden enseñar una variabilidad de casos bastante extraordinarios. Algunos de estos animales son *ametábolos* (no metamorfosean), pero

[98]   Sulmona, 43 a. C.-Tomis, 17 d. C.
[99]   Praga, 1883-Kierling, 1924.

los demás tienen etapas de crecimiento discretas, y tras cada muda dejan atrás la vida anterior. Las larvas tienen como único objetivo el comer, los adultos el aparearse. Otros son *hemimetábolos*, tienen una metamorfosis gradual. Las larvas de los diferentes estadios son más o menos iguales, solo se vuelven en cada uno un poco más grandes, hasta que en el último estadio (los adultos) desarrollan el sistema reproductor. Además, están los *holometábolos*, que son los que tienen una metamorfosis completa, y aquí la cosa es más complicada, porque en el último estadio larval se encierra en un envoltorio donde lleva a cabo un cambio radical. Dentro de ese sarcófago (pupa) el individuo se licúa y se disuelve, volviendo a reconstruirse en algo totalmente distinto. Así que la oruga que se convirtió en pupa saldrá de su sepulcro como mariposa, algo íntegramente diferente de su forma anterior.

Claro, todo ello no sale gratis. Primero, la trasformación requiere muchísima energía, y son muchos los que se quedan sin gasolina en el camino. Quien no tiene reserva energética suficiente, ahí se queda, muriendo atascado en su ataúd. Segundo, es un estadio delicado. Estás paralizado y medio licuado en una caja, así que estás del todo indefenso. El primer depredador que pasa por ahí te engulle sin ningún esfuerzo. Tercero, es una apuesta peligrosa. Licuar tus tejidos y reorganizar toda tu anatomía es un juego sutil y, si algo se tuerce, la historia acaba mal, con un ser agonizante, mellado, deforme y contrahecho. Pero tampoco es útil pensárselo demasiado, porque no hay otra elección, es una etapa necesaria. Si sale todo bien, un hermoso adulto despliega sus alas, listo para empezar a gozar de los placeres de la vida sexual y reproductiva. De paso, teniendo que empezar una nueva existencia, los insectos hacen algo muy inteligente: dejan en la vieja piel todos los excesos y la porquería que han acumulado en la vida anterior para no llevar consigo lastres tóxicos que es mejor soltar sin más. La piel de la pupa (*exuvia*) se deja atrás como urna vacía, pero cargada con todos los malos recuerdos.

También conocemos bien la metamorfosis en los anfibios. ¡Quién no ha jugado con esos renacuajos, parecidos a enormes espermatozoides negros! Estos luego sacan las patitas, reabsorben la cola (llena de energía en forma de músculos y grasa, que aquí no estamos como para desperdiciar recursos), y dentro de nada ya tenemos una rana o un sapo. El problema es que existe esta etapa intermedia donde el renacuajo tiene a la vez cola y patas. Y claro, no es muy cómodo tener dos sistemas anatómicos de locomoción que compiten entre ellos. La cola entorpece a las patas y las patas entorpecen a la cola. El híbrido ya no nada muy bien, pero tampoco ha aprendido a andar a su debida manera. Y es aquí cuando los depredadores aprovechan descaradamente para hacer una masacre de renacuajos, que al no ser ni carne ni pescado son torpes y no logran escaparse. Es, pues, fundamental el factor tiempo: si uno quiere metamorfosear, mejor no demorarse demasiado y que las etapas intermedias duren lo justo para hacer las cosas bien, sin prisa, pero desde luego sin pausa.

Los mamíferos no tenemos metamorfosis, aunque sí hay periodos de inactividad y de cambios que marcan, más que etapas, temporadas: el letargo. La hibernación también, como la metamorfosis, es una condición bioquímica de transformación, esta vez no lineal sino cíclica, donde el individuo altera su estado fisiológico y se queda a la espera de un nuevo momento. En realidad, llamamos «letargo» a cosas distintas. La hibernación verdadera, o sea, un estado fisiológico peculiar con profunda alteración metabólica, la pueden llevar a cabo solo las especies con un tamaño reducido. Los mamíferos más grandes no entran en un verdadero estado fisiológico alterado, sino que se limitan a dormir mucho, bajando el metabolismo para ahorrar energía. Pero, en todos estos casos, una vez más tenemos el mismo tipo de apuesta. A pesar de ser inevitable (la alternativa es la muerte) es un momento delicado y peligroso. Como en una metamorfosis, también en un letargo si no hay suficiente energía no llegará ningún despertar, y el sueño será eterno. Como en una metamorfosis, es un estado bastante inerme, en el que el individuo queda a merced de depredadores y desastres naturales. Además, es frecuente que los animales encuentren lugares muy inaccesibles para su encierro, cuevas y galerías, y esto por un lado ofrece protección, si bien al mismo tiempo añade un riesgo más: unos cuantos llegarán a despertar, aunque no volverán a encontrar la salida por donde han entrado, y morirán terriblemente en las entrañas oscuras de la tierra.

Así que las metamorfosis y los letargos pueden ser historias de belleza y de renacimiento, pero también de tragedia y de desdicha. Depende de muchos factores, y muchos de ellos no es posible controlarlos. Sin embargo, hay que apostar por estos cambios, no queda más remedio y, por supuesto, una vez empezado el proceso no hay vuelta atrás.

El ser humano no tiene pupa ni exuvia, no tiene letargo ni cola, pero sí que tiene muchas metamorfosis. Todo cambia. Somos seres especializados en entender, en recordar y en predecir. Como en la mitología de Ovidio, este gran poder trae suerte y desventura, triunfos y adversidades. La inteligencia del ser humano es su gran dote, y al mismo tiempo su eterna maldición. Somos increíblemente buenos en almacenar recuerdos y proyectar previsiones, que a menudo se transforman en obsesiones y presentimientos. Gracias a nuestros superpoderes de primates mentales, acabamos enloqueciendo entre pasado y futuro, y olvidamos vivir el presente.[100] En algunos países occidentales hasta el 70 % de las personas han tenido por lo menos un diagnóstico de estrés, ansiedad o depresión. Este hecho ha sido literalmente definido como una «pandemia de sufrimiento», y está sobre todo asociado a un conflicto extremo entre nuestra vida presente y la asombrosa mochila de memorias, expectativas, creencias, esperanzas, pronósticos y prejuicios que pueblan un pasado y un futuro hechos de rumiaciones e imágenes proyectadas. Una discordancia profunda e irreconciliable entre lo que creemos y la realidad que experimentamos. La mochila se hace cada vez más pesada, y esto nos lleva a etapas, a veces graduales, a veces repentinas, a veces suaves, a veces terribles. Y cuando llevamos demasiado tiempo almacenando retazos de la vida, necesitamos una metamorfosis radical, con pupa y con exuvia. Una nueva trasformación, una trasformación en algo distinto, en algo diferente. Un proceso que va a ser doloroso y peligroso, que necesitará mucha energía, que nos mantendrá un tiempo frágiles y quebradizos, expuestos, y que no tendrá el éxito asegurado. Habrá que licuarse y volverse a hacer, no malgastar energía y, si todo sale bien, luego volver a buscar la salida por donde hemos entrado. Pero, como cada metamorfosis, es necesaria. La alternativa es, sencillamente, mucho peor.

Muchas tradiciones orientales afirman que no hay etapas ni egos, solo materia y energía en continua transformación. Morimos y renacemos en cada instante, y un sistema nervioso especializado en el engaño nos hace creer que existimos como seres independientes y separados del resto, inventando una historia de continuidad que es nuestra propia narrativa. En este caso nuestras metamorfosis solo serían un engaño más, pero desde luego esta no llega a ser una razón suficiente para no llevarlas a cabo lo

---

[100] Véase en este mismo libro el artículo «*Hic et nunc*».

mejor que podamos. De hecho, aunque puede que seamos solo torbellinos de materia y energía, tenemos emociones y sentimientos, y el derecho a disfrutar de ellos en una vida que, aunque sea ficticia, parece increíblemente real. Como decía Jean-Paul Sartre,[101] estamos condenados a creer en un «yo», con su propia historia, sus alegrías y sus dolores. Como no queda otra, tan solo habría que aprovecharlo.

---

[101]   París, 1905-París, 1980.

El sueño de la razón produce sueños

Soñamos. Y nos parece normal.

Los grandes simios, como los pájaros, duermen en nidos. Parece raro, y es algo de estos primates que suele quedarse fuera del imaginario colectivo, pero es así: construyen en la vegetación y en las ramas de sus intricadas selvas pluviales grandes nidos de hojas donde descansar al llegar la noche, apartados de los peligros y de la incomodidad del suelo. Los australopitecos, homínidos extintos desde hace unos dos millones de años, probablemente hacían algo parecido. Es verdad que habitaban un ecosistema más pobre de árboles, y que se les daba bastante bien caminar bípedos sobre sus piernas, más rectas y poderosas que las de un chimpancé, pero su anatomía sugiere que seguían teniendo una locomoción, y, por ende, un estilo de vida, bastante generalistas, o sea, poco especializados y todavía muy relacionados con suspensión y braquiación. Sus brazos eran más largos y sus dedos más arqueados, y además la estructura de su oído interno era muy similar a la de los grandes simios actuales. El oído interno se encarga del equilibro y de la postura, con lo cual se puede pensar que su forma de desplazarse se parecía más a la de un orangután que a la nuestra. Así pues, a falta de evidencia contraria, podemos pensar que, con toda probabilidad, también dormían en nidos. Con el género humano *(Homo)* cambian muchas cosas, entre ellas la locomoción y la postura, que se vuelve de modo obligado bípeda y erguida. A pesar de la iconografía engañosa y superficial que sigue presentando este cambio como si hubiera sido gradual y progresivo, no tenemos pruebas de que haya sido así, y ya desde hace décadas contamos con mucha información para pensar que la evolución del bipedismo fue parte de un paquete evolutivo relativamente rápido y discreto: hace unos dos millones de años los primeros humanos, que con toda probabilidad pertenecían a la especie *Homo ergaster*, eran bípedos tal como somos nosotros. Por todas estas razones, Fred Coolidge, un psiquiatra que ha trabajado mucho en evolución humana, propuso hace unos cuantos años que justo en ese momento es cuando tiene que haber evolucionado nuestro peculiar y extraño patrón de sueño.[102]

Los humanos tenemos un sueño muy particular, con etapas fisiológicas muy bien determinadas, lo cual sugiere que la selección ha obrado para favorecer todo ello, por razones que desconocemos. Del sueño sabemos mucho, pero no queda tan clara su función. Sabemos que sin dormir uno se muere, con lo cual tiene que ser importante. La falta de sueño está asociada a un largo listado de desgracias y enfermedades, que incluye infartos o demencias, por lo cual deducimos que en aquellas horas de aparente ausencia tiene que pasar algo sustancial para nuestra salud. Considerando que una de nuestras características más notorias es este cerebro tan grande y complejo que tenemos, sospechamos que por ahí van los tiros. Recientemente, a las muchas teorías e hipótesis acerca de las funciones del sueño, se ha añadido una muy interesante:

[102] Coolidge, F., y Wynn, T., 2006. «The effects of the tree-to-ground sleep transition in the evolution of cognition in early *Homo*». *Before Farming*, 2006, 1-18.

durante el sueño puede que se «limpie» el cerebro, gracias a una red de desagüe celular que actúa como un sistema linfático de depuración (el cual está formado por células de la glía, por lo que se llama «sistema glinfático»).[103] En fin, se supone que las etapas del sueño son necesarias para el mantenimiento de nuestro cerebro y de nuestras funciones cognitivas, y puede que su origen se enlace con el bipedismo, por una sencilla razón: las fases más complejas y delicadas del sueño implican una parálisis total del cuerpo. Algo que uno no se puede permitir si duerme en un nido encima de un árbol. En estas fases se quedan activos prácticamente solo los músculos oculares (de ahí el nombre de la famosa fase REM, *Rapid Eye Movement* en inglés, o sea, un sueño asociado a movimientos oculares rápidos) y el diafragma (para respirar. Con lo cual, Coolidge propuso que solo con el bipedismo obligado y un sueño firme en el suelo ha sido posible evolucionar nuestro peculiar patrón de sueño humano. Tampoco hay que pensar que dormir en el suelo garantice un sueño libre de preocupaciones, y hay que considerar que para un cazador-recolector el sueño no es tan despreocupado como para los que dormimos en un colchón seguro y acogedor. De hecho, es probable que el patrón de sueño, con sus ritmos e interrupciones, haya sido muy distinto en las diferentes épocas de la historia y de la prehistoria humana. Sin duda, el cambio radical (y gravitacional) del nido arborícola a la cabaña tiene que haber tenido una influencia sustancial en nuestra biología nocturna. La hipótesis de Coolidge es quizá difícil de testar, pero resulta sensata y sugerente.

El sueño y los sueños han caracterizado a los humanos no solo a nivel fisiológico, sino también etnológico, y no ha existido

---

[103] Nedergaard, M., y Goldman, S. A., 2020. «Glymphatic failure as a final common pathway to dementia». *Science*, 370, 50-56.

cultura que no haya otorgado a los sueños un papel ritual, mágico, religioso o psicoanalítico. En este sentido, es curioso que en español, al contrario que en otros idiomas, no se ha sentido la necesidad de forjar palabras distintas para el acto de dormir (el sueño) y las visiones oníricas (los sueños), lo cual genera cierta confusión lexical entre el proceso y el producto. El sueño y los sueños son algo tan enraizado en nuestra concepción de la vida y en nuestra sociedad que no los cuestionamos, los aceptamos sin más, incluyéndolos en el marco biológico (nuestros ritmos circadianos) y simbólico (su significado) de nuestra existencia, sin notar que hablamos de un fenómeno, en muchos aspectos, absurdo. Esta aceptación nos lleva a soñar, por decirlo así, pasivamente, o sea aceptando el sueño y los sueños como algo automático, en su pauta (duermo cuando tengo sueño) y contenidos (sueño lo que surge, según dinámicas desconocidas). Pero claro, siendo algo tan importante, y que además puede ocupar hasta un tercio de nuestra vida, no parece sensato dejar que esta programación sea del todo automática y no tener voz ni voto en este asunto.

A nivel orgánico (el sueño), hay poco que decir: a pesar de lo importante que es para la salud, pocos (o muy pocos) cuidan su sueño. En una sociedad compulsiva y convulsiva como la nuestra, dormir se interpreta como una pérdida de tiempo o como un lujo, y pocos (o muy pocos) se comprometen para tener una higiene del sueño aceptable, que pueda garantizar ritmos y condiciones saludables. La mayoría de las personas duermen cuando pueden y como pueden, dedicando al sueño un mínimo necesario que, generalmente, no basta.

A nivel psíquico (los sueños), nos conformamos con lo que trae la noche, historias absurdas y desconectadas que siguen hilos perdidos entre el azar y el subconsciente, batuqueándonos entre confusión y maravilla, placer y miedo, emociones y recuerdos, en cortometrajes oníricos que, en general, olvidaremos ya después del primer café del día siguiente. Sin embargo, desde siempre se ha sabido que los sueños, en parte y con el debido entrenamiento, se pueden controlar, o por lo menos vivir (y disfrutar) de modo consciente. En los «sueños lúcidos», más allá del grado de control que un sujeto pueda tener sobre los contenidos del sueño, somos conscientes de estar en un sueño y, por ende, tenemos la posibilidad de actuar en consecuencia, con todas las ventajas de esta circunstancia. Hay muchas técnicas que se entrenan y desarrollan para aumentar la probabilidad de lograr y mantener la lucidez durante un sueño, y muchas de ellas tienen un aval empírico y científico.[104] La capacidad de tener sueños lúcidos varía muchísimo de una persona a otra, y los «onironautas» que se dedican a ello aprenden a aprovechar su tiempo de sueño con objetivos muy dispares, que incluyen experiencias fantásticas (volar suele ser el primer impulso de todo ser humano soñador), sexo, entrenamiento deportivo extremo, experiencias personales y emotivas, creatividad artística o meditación profunda. Durante el sueño lúcido, la experiencia puede ser increíblemente real, y los sentidos pueden restituir sensaciones tan efectivas como en la vigilia. Lo cual nos hace entender que la sensación de «borroso» que por lo regular relacionamos con los sueños está más bien asociada al recuerdo del sueño, y no al sueño mismo. Aquella borrosidad es la misma que tenemos si pensamos en lo que hicimos la semana pasada o incluso ayer, pero en el caso de los recuerdos reales la achacamos a la memoria, mientras que en el caso de los sueños pensamos que

---

[104] Baird, B., Mota-Rolim, S. A., y Dresler, M., 2019. «The cognitive neuroscience of lucid dreaming». *Neuroscience & Biobehavioral Reviews*, 100, 305-323. Aspy, D. J., 2020. «Findings from the international lucid dream induction study». *Frontiers in Psychology*, 11: 1746.

así es como los hemos vivido. Sin embargo, las experiencias de sueños lúcidos nos demuestran que no es este el caso y que, teniendo que soñar todas las noches, no viene mal poder ser partícipes de algo tan personal como maravilloso.

Ahora bien, para poder disfrutar de un sueño con lucidez antes que nada hay que reconocer que estás en un sueño, y aquí viene el nudo de la cuestión. Muchas de las técnicas para propiciar sueños lúcidos se basan en aumentar la probabilidad de «descubrir» que estás en un sueño y, acto seguido, tomar las riendas de la situación. Este paso es necesario por una razón que, una vez más, damos por normal, cuando sin embargo es absurda: en los sueños, no creemos que estamos en un sueño. Este detalle, que parece una perogrullada, no lo es en absoluto. El ser humano, que desde su humilde posición se ha autonombrado *sapiens*, y que farda de increíbles proezas intelectuales y asombrosas habilidades cognitivas, cuando sueña se lo traga todo, sin cuestionarse nada. Ves a un dragón atacándote, huyes de hordas de monstruos, vuelas entre valles y montañas, encuentras a tus muertos, hablas con las bestias, cruzas el tiempo y el espacio, y te parece todo perfectamente normal. Lo de siempre. Viajas de un escenario a otro en apariencia sin un hilo, sin una conexión lógica o cronológica, sin una continuidad y quebrando todas las leyes de la física, y no te entra la mínima duda de que esto pueda ser un sueño. Y lo más absurdo de todo es, precisamente, que todo esto no nos parezca absurdo. O sea, nos parece normal que, en el sueño, perdamos cualquier capacidad de juicio. Damos por sentado que esto es lo normal, porque es tan habitual que no nos cuestionamos su rareza.

Las ciencias cognitivas achacan esta locura momentánea a un apagón de la corteza frontal, en particular de aquellas regiones que están implicadas en aspectos del sistema ejecutivo (atención y decisión) y, por ende, tienen un rol crucial en la consciencia. Todo el cerebro funciona bastante bien, menos estas áreas, un pequeño corte en el funcionamiento de unas regiones muy pero que muy localizadas, que nos lleva a creernos lo que sea. Ciertamente, no es solo cuestión de teoría, sino también de evidencia experimental, porque hay cientos de estudios que analizan el metabolismo y la activación cerebral durante las etapas del sueño, y que confirman una escasa activación de estas regiones del cerebro. Pero la evidencia orgánica nos deja todavía con muchas preguntas. Más allá de la función fisiológica del sueño como ajuste metabólico, ¿por qué se habría evolucionado a una fase donde imaginamos cosas absurdas y nos las creemos sin más? ¿Cómo es posible que tan solo apagando una pequeña región del cerebro siga siendo yo, pero soy incapaz de sorprenderme cuando pasa algo tan irracional?

Soñar no es algo normal. Es una anomalía inexplicada a nivel filogenético, quizá vinculada a nuestra naturaleza de simios cabezudos y terrícolas, y a nivel cognitivo, causada por una condición cerebral muy peculiar en la que todo el cerebro está activo y perceptivo menos las áreas implicadas en el movimiento y en la detección de incoherencias. Mantener la consciencia y el raciocinio en los sueños es algo que depende de muchos factores individuales, que probablemente se enlazan con la particular combinación de características cognitivas de cada uno. No es de extrañar que la meditación y la capacidad de mantener la atención en el momento presente puedan aportar mucho, en este sentido. Por un lado, el control atencional que se entrena con la práctica meditativa es crucial a la hora de alcanzar y mantener la lucidez en un sueño. Al mismo tiempo, parece que el «despertar» asociado a la meditación no es solo cognitivo, cultural y espiritual, sino también nocturno, porque los cambios psicológicos y fisiológicos asociados a la meditación a largo plazo pueden mejorar la calidad del sueño y a la vez reducir el tiempo necesario de descanso.[105]

Conocer las dinámicas del sueño e intentar controlar este programa aparentemente automático puede revelarse como una gran ventaja, aunque todavía no queda claro hasta qué punto conviene trastocar un proceso que es natural, sobre todo considerando que desconocemos sus funciones.[106] Sea como fuere, más allá de las hipótesis evolutivas, de las cuestiones asociadas a la salud y de las placenteras ventajas de los sueños lúcidos, esta frontera borrosa entre percepción y realidad nos deja con una profunda duda solipsista. La dimensión incógnita del sueño hace patente que nuestro mundo, tal como lo conocemos, depende casi del todo de cómo nuestra mente lo percibe y cómo lo genera retroactivamente. Lo cual nos hace cuestionar muchos aspectos de nuestra existencia. Hasta dónde llegan estas preguntas es parte de un recorrido personal, así como personales serán todas las respuestas que seremos capaces de encontrar, las que decidiremos aceptar y las que, sin embargo, decidiremos ignorar. Que toda la vida es sueño, y los sueños sueños son. ¿O no?

---

[105] Britton, W. B., Lindahl, J. R., Cahn, B. R., Davis, J. H., & Goldman, R. E. (2014). «Awakening is not a metaphor: the effects of Buddhist meditation practices on basic wakefulness», *Annals of the New York Academy of Sciences*, 1307, 64-81.

[106] Vallat, R., y Ruby, P. M.,2019. «Is it a good idea to cultivate lucid dreaming?», *Frontiers in Psychology*, 10, 2585.

Obsesiva Mente

La palabra mente es un excelente comodín en campos muy dispares, que van desde la neurociencia hasta la espiritualidad. Quizá habría que acotar su definición, si queremos evitar malentendidos.

Hace unos años di una charla sobre evolución del cerebro en un famoso centro de neurociencia, y la acabé con algunas reflexiones sobre la teoría de la mente extendida, donde se sugiere que nuestra cognición no es un producto del cerebro, sino un proceso asociado al flujo de información entre cerebro, cuerpo y ambiente.[107] La reacción de algunos estudiantes e investigadores fue bastante irritada, estaban casi ofendidos porque la palabra *mente* hubiese sido pronunciada en su templo, gobernado por la fe y por la devoción a células y moléculas. Me dijeron que la palabra (y el concepto al que se refiere) no es científica y, por ende, tenía que quedarse fuera de las murallas sagradas de los centros de investigación. Desde entonces las cosas han cambiado bastante y, si hace unos diez o veinte años las teorías sobre extensión cognitiva parecían cosas solo para «hierbas» y olían a *ciberpunk*, ahora generan publicaciones en las revistas punteras, firmadas por popes de la ciencia e investigadores de renombre. Aun así, la palabra *mente* se

[107]   Véase en este mismo libro el artículo «Extendida Mente».

sigue empleando en un abanico tan amplio de situaciones que es inevitable que acabe embarrándose en definiciones ambiguas, y a menudo inconsistentes, que pueden empobrecer el diálogo y mermar sus posibles implicaciones.

En realidad, poner un poco de orden no parece, a bote pronto, una tarea tan complicada, porque podemos definir la mente nada más y nada menos que como el conjunto de procesos y mecanismos que forman nuestra capacidad cognitiva. La mente sería, en este sentido, el mismo proceso cognitivo, con todo lo que implica a nivel consciente y subconsciente, perceptivo y sensorial. El cuerpo recibe señales desde el ambiente exterior, el cerebro las integra, y se crea un flujo de información que, parafraseando la tradición de la filosofía oriental, genera un personaje (yo), con su narrativa hecha de pensamientos, emociones y sentimientos (quién soy), y con su supuesto libre albedrío (qué hago). Este flujo de información que corre a cargo del cerebro, del cuerpo y del ambiente (en diferentes proporciones y con diferentes responsabilidades, según el peso que las distintas teorías quieran dar a estos componentes) es el proceso cognitivo, o sea, la mente. A partir de ahí, podemos complicar las cosas con muchos matices y rocambolescas excepciones, pero el problema por el momento no es tanto hurgar más en el concepto, sino evitar pasarse a la dirección opuesta, es decir, ser demasiado superficiales o generales a la hora de usar una palabra con implicaciones bastante profundas.

De hecho, no es infrecuente ver la palabra *mente* utilizada como fulcro crucial de muchas frases y de muchos argumentos, pero sin que haya habido una definición previa que pueda por lo menos enmarcar su significado. Y, al mismo tiempo, muchas veces se entiende entre líneas que el orador de turno le está dando un significado tanto personal como general, que puede ir desde una visión extremadamente reduccionista donde se usa como sinónimo de cerebro, a una cósmica que implica perderse por un momento en los recovecos de la energía del universo.

Supongo que estos excesos de generalidad e imprecisión se deben por lo menos a dos factores. El primero atañe a la intrínseca complejidad del concepto que el término pretende representar. Hablamos de un proceso muy complicado y desconocido, con lo cual es fácil caer en la tentación de usar un solo término para abarcar todo y describir esta enorme y extraña incógnita de nuestra más profunda naturaleza. Pero las palabras son herramientas, y una herramienta demasiado general para una tarea muy específica acaba siendo poco funcional, porque se puede usar para todo, pero al final no es muy eficiente para nada.

El segundo factor tiene que ver quizá con la asombrosa variedad de contextos en los que se usa el término, en algunos casos contextos muy profesionales, en otros muy improvisados. Es una palabra que tiene un efecto poderoso en el público, al que estimula a veces a la aceptación (la fascinación por lo oculto y lo místico) y a veces al rechazo (la irritación ante lo ignoto y lo inescrutable), y que, por tanto, a veces se emplea más en función de su efecto que de una necesidad real. De ahí que su uso se extienda a contextos donde una definición impropia (o más bien una ausencia de definición) hace un flaco favor a los conceptos que se propone defender o promocionar, debilitando ciertas posiciones, en lugar de fortalecerlas.

En ciencias cognitivas, un uso demasiado vago de la palabra *mente* puede generar desconfianza, limitar el término a un uso de *marketing* o reducirlo a parche metafísico para dar un toque de apertura a las situaciones que no tenemos ni idea de cómo interpretar. En disciplinas más asociadas al crecimiento y desarrollo personal, como la meditación o el yoga, un uso demasiado superficial de esta palabra, además de correr los mismos riesgos de devaluación del concepto, puede confundir el proceso de búsqueda interior, introduciendo un factor de incertidumbre y malgastando el enorme potencial que lleva consigo. Por ejemplo, a veces he visto utilizar el término para indicar «los pensamientos», lo cual evidentemente promociona una interpretación muy limitada, restrictiva y parcial del concepto (los pensamientos conscientes son solo una parte del proceso cognitivo), y también redundante (los pensamientos conscientes se definen por sí mismos, y no necesitan ser etiquetados con otro nombre). Es interesante también notar que, en estos campos, se insiste en usar de manera casi obsesiva el binomio «mente-cuerpo», quizá en algunos casos más como un copipega automático que como el resultado de un proceso real de estudio de los conceptos. Este binomio tiene raíces muy profundas en nuestra sociedad, y en parte también en la cultura oriental. Pero, si las teorías de extensión cognitiva están en lo cierto, es un binomio irreal, y puede llegar a ser seriamente engañoso. En este caso, el cuerpo es parte integrante y activa de la mente, y acostumbrarse a mencionar los dos componentes como elementos separados, aunque integrados, puede llevar a conclusiones o percepciones muy pero que muy falaces.

Hoy en día, gracias a soñadores despiertos como Francisco Varela,[108] la ciencia se está interesando cada vez más en la autoconsciencia y la meditación. Fue, de hecho, Varela uno de los primeros en proponer un encuentro entre la ciencia occidental y la filosofía oriental, la cual, al contrario que la europea, se centra en la experimentación y en las evidencias empíricas, precisamente a

---

[108] Santiago de Chile, 1946-París, 2001.

través de las prácticas meditativas.[109] Al mismo tiempo, la meditación está por fin entrando en lo cotidiano (y laico) de nuestras vidas occidentales.[110] Para no desaprovechar esta coyuntura, lo mejor sería trabajar juntos. El diálogo ya ha empezado, y con ganas. Ahora se trata solo de afinar los términos y de currarse los detalles.

En ambos casos, se trate de ciencia o de un proceso de conocimiento personal, es importante notar que estamos hablando de lo mismo: explorar y experimentar, ya sea con modelos biológicos o con nuestro propio cuerpo. Y, en ambos casos, es mejor no utilizar las palabras y los conceptos como pantallas y como rellenos, sino como herramientas conscientes de... nuestra propia mente.

[109] Varela, F. J., Thompson, E., y Rosch, E., 2017. *The embodied mind, revised edition: Cognitive science and human experience.* MIT Press.
[110] Véase en este mismo libro el artículo «Meditación y neurociencia: aquí y ahora».

Hic et nunc

Nuestra mente percibe, siente y juzga. Un mismo proceso,
pero que se sustenta en tres mecanismos distintos,
y probablemente independientes.

Lo que llamamos *mente* es un proceso que mezcla e integra las descargas de millones de cables eléctricos (un procesador que llamamos «cerebro»), las percepciones de una interfaz dinámica (un transductor activo que llamamos «cuerpo») y las informaciones archivadas en elementos externos (un medio de inclusión que llamamos «ambiente»). La percepción es un mecanismo sensorial, donde agentes físicos (ondas y moléculas, entre otros) interactúan con detectores (como ojos, oídos o manos) que traducen estos estímulos en un código biológico de variaciones bioquímicas. Nuestro cerebro recibe estas variaciones en forma de descargas, y las descodifica y canaliza en patrones preestablecidos de circuitos neuronales. Estos patrones se enmarcan en un contexto más amplio donde el mismo cuerpo se coloca en el espacio y en el tiempo, abriéndose a una serie de interacciones que enlazan las percepciones con recuerdos y juicios, emociones y sentimientos, predicciones y expectativas, dudas y decisiones. El resultado repercute en el mismo cuerpo, que a su vez interactúa con el ambiente, y el ciclo se cierra y se reinicia otra vez, habiendo sufrido en cada interacción grandes o pequeños cambios que le harán responder de forma distinta a la anterior.

La *mente* es entonces este proceso de constante intercambio, de flujo de información, que se genera cuando ambiente, cuerpo y cerebro empiezan a enlazarse entre sí. Los cinco sentidos son las puertas de entrada de este flujo en el organismo, la base de la percepción, y dependen de muchos factores, algunos adquiridos por herencia genética, otros aprendidos por el camino.[111] Los órganos sensoriales funcionarán de acuerdo a la estructura de sus receptores, que pueden ser más o menos sensibles, o más o menos selectivos hacia algún tipo de estímulo u otro. Pero estos órganos también funcionan basándose en la distribución o en la densidad de estos receptores e, incluso, en la capacidad de transmitir la información una vez recibida. Todos estos son factores que tendrán potencialidades y limitaciones asociadas a nuestros programas genéticos (individuales o evolutivos), pero también sensibles a entrenamiento y desarrollo. El resultado final, entonces, dependerá de diferentes elementos y mecanismos, en función de qué señales se reciben, con qué intensidad o resolución, y de cómo y cuánto estas señales se transmiten al cerebro.

Luego, una vez que la señal ha llegado al cerebro, este la descodifica, transformando la percepción en sensación. Una sensación que, otra vez, surgirá en función de factores múltiples e independientes. Por ejemplo, el cerebro intentará encauzar estas señales sensoriales en algo que ya conoce, que ya tiene catalogado, según patrones preestablecidos. Con lo cual estas señales sensoriales sufrirán una segunda modificación, y se ajustarán a esquemas más

---

[111] Os invito a leer los artículos «El cielo, el infierno, y otros hipermundos» y «Profunda Mente», disponibles en *Jot Down*.

rígidos. En esta etapa es importante el concepto de atención: una vez recibidas todas las señales de los órganos sensoriales, el cerebro decide con qué se queda y qué tira. A veces descarta sin más, otras veces guarda parte de la información en un cajón, un cajón al que tiene acceso solo él, y no tú.

Los filtros de la atención dependen, como es de esperar, de factores conscientes y subconscientes, activos y pasivos, automáticos y voluntarios. Hay toda una serie de disciplinas basadas en la meditación que sugieren y recomiendan ser un poco más dueños de nuestra propia atención, entrenando los sentidos y el cerebro para que no dejen el flujo de información demasiado en manos de un piloto automático muy sesgado por emociones, miedos, prejuicios o prisa. Es el caso del *mindfulness*, una perspectiva que se basa en la observación de tus propias percepciones y sensaciones de una forma conscientemente atenta y desapegada.[112] Una observación que te hace descubrir que lo único que de verdad existe es el presente, un presente radicalmente estructurado en la sensación y en la percepción. En este sentido, pasado y futuro sencillamente no existen, y solo son imágenes que no tienen ningún peso real en el momento que estamos viviendo. Una pena, entonces, que a lo largo de toda la vida nos dejemos batuquear emocionalmente por algo que en la realidad no existe (los recuerdos pasados y las expectativas futuras), olvidando y desatendiendo lo que, sin embargo, está aquí y ahora (el momento presente). En mi opinión personal, la palabra *mindfulness* es una inadecuada traducción al

---

[112] Hoy en día, la literatura sobre meditación y *mindfulness*, tanto científica como divulgativa, es muy vasta. Desde luego, es un sector muy heterogéneo, y hay un poco de todo, con lo cual se debe tener cierto cuidado a la hora de navegar en el océano bibliográfico. Recomiendo, en este sentido, los libros de Jon Kabat-Zinn, uno de los pioneros de este campo. Por ejemplo: *Mindfulness en la vida cotidiana*, *La meditación no es lo que crees* y *Vivir con plenitud las crisis*. Véase en este mismo libro el artículo «Meditación y neurociencia: aquí y ahora».

inglés de una serie de conceptos que se asocian con frecuencia a la cultura budista, pero que en realidad encontramos, de distintas formas y colores, en todas las sociedades humanas.[113] Creo que la traducción más común en castellano es, desde luego, mucho más acertada: *atención plena*. Y, al fin y al cabo de esto se trata, es decir, de entrenarse y obrar para poder ser más dueños de nuestra propia atención, atención hacia el cuerpo y hacia el ambiente, hacia nuestras percepciones y hacia nuestras sensaciones, hacia nuestras emociones y hacia nuestros pensamientos. Es interesante, en este aspecto, que en el budismo los sentidos no sean cinco sino seis, y el sexto es, precisamente, la propia mente.

Ahora bien, encontramos aquí una dificultad lingüística muy interesante de analizar a nivel terminológico y cognitivo. En castellano, a menudo se utiliza la palabra *consciencia* para definir una capacidad de percepción de la realidad, y la palabra *conciencia* para referirse a una capacidad de valoración ética y moral de esta realidad. Sin duda, dos cosas muy distintas, que han acabado peleándose a causa de una raíz semántica común. Y, como es de esperar, en el día a día vemos cómo los dos términos, de hecho, se confunden y se mezclan. La misma Real Academia Española coincide en que la consciencia atañe a la «capacidad del ser humano de reconocer la realidad circundante y de relacionarse con ella», pero luego asocia la conciencia a ambos significados, o sea tanto al «sentido moral o ético propios de una persona» como a «sentirse presente en el mundo y en la realidad». Es decir, la RAE en el caso de la conciencia es mucho más permisiva y acepta ambas interpretaciones. Lo cual, considerando que hablamos de conceptos

---

[113] Un libro muy bueno sobre este tema es *Mindfulness: su origen, significado y aplicaciones*, de Jon Kabat-Zinn y Mark Williams. Hay que decir que este ya no es un libro de divulgación, sino una recopilación de ensayos que explora, a nivel epistemológico, la historia de los conceptos y de las prácticas.

muy distintos, genera cierta ambigüedad a la hora de hablar de temas complejos y complicados, que abarcan escenarios tan delicados en ámbitos como la filosofía o las ciencias cognitivas. En muchos textos sobre *mindfulness* se encuentra la solución «conciencia», quizá para evitar entrar en matices y abarcar un poco todo, pero creo que en realidad la cosa confunde más de lo que ayuda. Y el tema no es trivial, porque otra traducción de *mindfulness* es «conciencia plena», con o sin *s* de por medio. El matiz se vuelve determinante en el momento en el que hablamos de una perspectiva (el *mindfulness*) que justo se basa en «prestar una atención deliberada y sin juzgar» (utilizando las palabras de uno de sus mejores mentores, Jon Kabat-Zinn). Lo de «sin juzgar» es crucial en esta técnica, y resulta por lo menos raro que se utilice con frecuencia un término (*conciencia*) que precisamente involucra valores éticos y morales. Y no es solo cuestión del castellano, porque la misma dificultad y ambigüedad la encontramos en otros idiomas (en inglés: *consciousness/conscience/awareness*), dado que en muchas lenguas se utilizan palabras diferentes pero con las mismas raíces para indicar los dos aspectos, es decir, la percepción de la realidad y el juicio moral. La cosa se complica cuando en medicina y neurología el nivel de conciencia se asocia a condiciones fisiológicas e, incluso, se emplea como parámetro clínico. Si luego vamos a las muchas fuentes sueltas que se pueden encontrar más allá de un ámbito profesional, sobre todo en internet, descubrimos que se utilizan ambos términos, *conciencia* y *consciencia*, casi como sinónimos.

Evidentemente, la percepción de la realidad y el significado que le damos son dos aspectos que siempre hemos tendido a juntar, confundiendo un proceso sensorial con un juicio de valor. El hecho de que se utilicen palabras parecidas, con una etimología común y con una lícita confusión lingüística, delata que lo hemos hecho a propósito, y que no nos parece del todo mal. Pero deberíamos, sin embargo, pensar en alternativas. El riesgo es no ser capaces de separar entre realidad y emoción, entre percepción y pensamiento, entre ser y sentir. Es decir, confundir lo que somos con lo que experimentamos, a raíz de influencias internas y externas que nos condicionan y que nos pueden atrapar en expectativas y proyecciones irreales. Esto sería una pena, y desde luego un peligro, porque a nivel individual nos puede llevar a desaprovechar nuestras propias vidas, y a nivel social nos puede arrastrar hacia conflictos innecesarios e incontrolables a la hora de gestionar las diferencias entre culturas, entre religiones, o de forjar los delicados equilibrios internos de nuestras complejas naciones.

Ahora bien, la estrecha relación entre estos dos conceptos también nos sugiere que, a lo mejor, puedan haber evolucionado juntos. Ser capaces de reconocer nuestro cuerpo, utilizarlo como medida del mundo, y encajar el resultado de sus sensaciones en esquemas estructurados entre el bien y el mal puede que representen habilidades que han tirado de los mismos recursos cognitivos. Una evolución donde una capacidad ha estimulado la otra, o donde las dos se han desarrollado en paralelo gracias a factores comunes. Sea como fuere, está claro que hablamos de algo íntimamente asociado a la evolución de nuestra propia especie. Algo que ha enlazado el presente con un pasado que ya no existe y con un futuro que nunca ha existido. Esto nos ha permitido entender, planear, razonar, experimentar, evaluar e imaginar, o sea, en resumidas cuentas, ser humanos. Pero también nos ha abierto las puertas hacia nuevos y terribles tipos de dolor, el dolor por los recuerdos pasados y por los peligros futuros, la preocupación por lo que se ha perdido y por lo que se podría perder, la tristeza por lo que ha sido y por lo que nunca será.[114] No es una casualidad que un objetivo clave del pensamiento budista sea el fin del sufrimiento, personal y ajeno, y que la compasión represente la pulsión más noble para lograrlo. El hecho de que somos seres particularmente «inteligentes» recuerda una de estas maldiciones de tantos cuentos y leyendas, donde se otorga un poder solo a cambio de una angustiosa consecuencia, porque la capacidad de saber entender y de saber predecir nos pone en la posición no solamente de sufrir, como todas las especies, por lo que está pasando, sino también por lo que ya ha pasado e, incluso, por lo que podría pasar. Un poder digno de potentes dioses, entregados a monos emocionales. Habrá que tener cuidado, porque quien vuela muy alto se arriesga a caer muy lejos. Y cuando la altura te da vértigo, recuerda que llega un momento en que tienes que pensar en ti mismo, en lo que eres y en lo que tienes, en lo que sientes y en lo que vives. Y ese momento es, precisamente, aquí y ahora.

---

[114]   He publicado tres artículos en revistas científicas sobre este tema: Bruner, E. & Colom, R. 2022. «Can a Neandertal meditate? An evolutionary view of attention as a core component of general intelligence». *Intelligence*, 93: 101668. Bruner E. 2023. «Cognitive archeology and the attentional system: an evolutionary mismatch for the genus *Homo*». *Journal of Intelligence* 11: 183. Bruner E. 2024. «Cognitive archaeology, and the psychological assessment of extinct minds». *Journal of Comparative Neurology* 532, e25583.

Meditación y neurociencia: aquí y ahora

Las ciencias cognitivas están proporcionando muchas herramientas, tanto teóricas como prácticas, para conocernos y mejorar así nuestra calidad de vida. No conviene desaprovecharlas.

Cuando se publicó el libro *Tus zonas erróneas* de Wayne Dyer,[115] en 1976, en las bibliotecas no se sabía bien dónde colocarlo, porque todavía no existía una sección llamada «Autoayuda». Hoy, casi cincuenta años después de su primera publicación, el libro de Dyer sigue en la mayoría de las librerías, a veces en los mostradores de los libros más atractivos, y la sección de Autoayuda llega a ocupar unas cuantas estanterías en las paredes de los editores más atentos al mercado. Hay quien achaca la explosión del género a la pandemia vírica,[116] pero sabemos que no es así, porque las ventas (y la demanda) han ido aumentando de modo exponencial en las últimas cuatro décadas. Quizá la pandemia solo haya permitido tener más tiempo para leer. Sea como fuere, las publicaciones de autoayuda llevan creciendo desde hace tiempo, y lo han hecho hasta un punto que, desde luego, llama la atención. Pero claro, en este medio siglo la etiqueta de «autoayuda» ha ido

---

[115] Detroit, 1940-Maui, 2015.

[116] Este artículo se escribió poco después de la pandemia del coronavirus.

acumulando un poco de todo, y quizá ha llegado el momento de poner un poco de orden en estas estanterías llenas de alternativas, de inquietudes y de esperanzas.

El éxito de los libros de autoayuda, en realidad, tampoco debería de sorprender mucho, porque todas las culturas del pasado han sabido desde siempre que el ser humano tiene dos características principales y en apariencia antitéticas: una, que es inteligente, y dos, que sufre. Su gran capacidad de razonar lo conduce inexorablemente hacia el sufrimiento, perdiéndose en los laberintos de un pasado que ya ha ocurrido y de un futuro que todavía no ha llegado a ocurrir. O sea, nuestra especie, a raíz de su asombrosa capacidad de simulación mental, acaba descuidando en exceso el presente, su única verdadera fuente de existencia, y fulcro de la calidad de la vida. La mente humana se arrastra entre miedos, recuerdos, incertidumbres, remordimientos y preocupaciones que, en gran medida, no existen sino como imágenes de lo que ha sido y de lo que podría ser, proyecciones de un futuro y de un pasado que, aunque importantes, no deberían de aplastar el presente en su aquí y ahora. El resultado es entonces, sí, una pandemia, pero una pandemia de estrés, ansiedad y depresión, que está marcando el estilo de vida de nuestra sociedad, el éxito incontrolable de los psicofármacos, y las listas de espera en las consultas de los profesionales de la salud mental. El resultado es el desquiciamiento de todas esas vidas que sufren, y que malgastan sus años en los patrones automáticos de una cultura en muchos aspectos incompatible con la serenidad, cuando no incluso cómplice consciente de su desgaste.

Aquí es interesante notar que, a menudo, reaccionamos al desequilibrio echando balones fuera: no me gusta cómo están las cosas, que alguien lo arregle. Dispuestos, eso sí, a pagar por ello:

pago una pastilla o un psicólogo, y que hagan su trabajo, que para eso les pago. Es decir, es bastante frecuente que las personas, incómodas con sus vidas, quieran un cambio, pero sin cambiar ellas mismas. Desde luego, una pastilla o un profesional pueden dar un empujón importante, pero en general la solución viene desde dentro, y cualquier medida que no implique un largo y lento crecimiento personal es un apaño que dura lo que dura. Los que, al contrario, se hacen preguntas y aceptan cuestionarse y asomarse a la posibilidad de un desarrollo individual, entran en una librería y buscan ideas. Acaban donde sabemos: en la sección de Autoayuda. No les queda otra. Los que tienen cierta inquietud para intentar tomar las riendas de sus vidas con sus manos, se enfrentan al reto de ojear en el bullicio literario de estanterías eclécticas que llevan acumulando desde hace medio siglo los títulos que no encuentran hogar en las demás clasificaciones libreras.

La sección de Autoayuda hay que buscarla. Acostumbra a estar tímidamente cerca de la de psicología, no demasiado lejos de la de filosofía y la de ciencias, como hermanastra joven y plebeya de aquellas nobles e históricas estanterías, casi camuflada a su lado, sufriendo con toda probabilidad cierto síndrome del impostor, por ser un batiburrillo de campos improbables y ajenos, unidos solo por el hecho de hablar al individuo tuteándole, y contándole cosas que en el cole o en la familia nadie, por una razón o por otra, nunca le ha contado. Todos juntos, ahí están mezclados Wayne Dyer, el yoga, el esoterismo, la nutrición, la psicología casera, la astrología, las piedras mágicas y los mundos paralelos, la espiritualidad y unas cuantas religiones inusuales, la actividad física, el viaje astral, el sexo, los tarots, filósofos desconocidos, las pseudociencias, un poco de Freud, poesías japonesas, la arquitectura minimalista, el zen y, por supuesto, la meditación y el *mindfulness*. Y claro, esto no ayuda mucho en la búsqueda personal, por lo menos por dos razones. Primero, porque muy bien hay que saber navegar para desglosar en este maremágnum lo que buscas y lo que no, y sobre todo lo que tiene enjundia y lo que solamente hace montón. Segundo, porque esta mezcla no permite, al que carece de brújula, discernir entre el material que tiene una fuente más consistente y lo que, independientemente de su interés, acierto o utilidad, no tiene ningún respaldo ni solidez. Estamos hablando de desarrollo personal, o sea, del epicentro de nuestro bienestar, con lo cual está claro que, por un lado, es algo tan subjetivo que todo está permitido, pero, al mismo tiempo, tan delicado que no todo debería estar permitido.

Algo que ya chirría bastante es ver perdida en este circo literario precisamente la meditación, y en particular, aquella tradición meditativa que a menudo se etiqueta con el nombre de atención plena (*mindfulness*[117]). Desde los años 70 del siglo pasado, el conjunto teórico y práctico de la atención plena ha integrado muchos fundamentos de la tradición budista en el contexto de la cultura occidental y, sobre todo, de la neurociencia moderna.[118] Buena parte de sus referentes son científicos, como Francisco Varela,[119] que en los años 80 contribuyó de manera profunda a integrar la neurociencia occidental con la filosofía budista. Propició esta integración porque la filosofía oriental, al contrario que la europea, se basa profundamente en principios experimentales y empíricos, donde tu propio cuerpo sirve de laboratorio para explorar, observar y testar hipótesis. Ya en Europa, al principio del siglo pasado, Edmund

[117] Véase también el artículo «Hic et nunc», en este mismo libro.

[118] Un excelente resumen sobre la relación entre meditación y neurociencia es el libro *Los beneficios de la meditación*, de Daniel Goleman y Richard Davidson.

[119] Santiago de Chile, 1946-París, 2001.

Husserl,[120] con su fenomenología, se había acercado mucho a la relación entre percepción y cognición, pero de forma bastante críptica. Es curioso cómo muchos de sus principios se encuentran, increíblemente parecidos, en los Yoga-Sutra de Patanjali,[121] escritos dos mil años antes (y, seamos sinceros, ¡mucho más claros!). Después de Husserl, Maurice Merleau-Ponty[122] puso el cuerpo en el centro de la percepción, dejando que Varela cerrase el círculo. Desde entonces, las prácticas meditativas en general y de la atención plena en particular han sido asimiladas, año tras año, en el marco de la investigación científica, hasta el día de hoy, donde ya empiezan a ser partes integrantes de muchos programas escolares. En 2015, la revista *Nature* publicaba un detallado artículo de revisión sobre el tema,[123] y en 2019 la revista *Current Opinion in Psychology* le dedicaba un número especial con alrededor de sesenta artículos.[124]

Por supuesto, cuando algo permea tanto la sociedad, y de forma tan polifacética, hay que esperarse un poco de todo, incluso inconvenientes e imprevistos. El mismo Jon Kabat-Zinn, que es y ha sido el principal representante y promotor del *mindfulness* en nuestra sociedad, en su introducción al número especial de *Current Opinion*[125] dice: «Sin embargo, basta con echar un vistazo a las distintas

---

[120]   Prossnitz, 1859-Friburgo, 1938.

[121]   Los Yoga-Sutra son una recopilación de aforismos. Se encuentran decenas y decenas de traducciones, traducciones e interpretaciones, en algunos casos acompañadas por comentarios sencillos y divulgativos, y, en otros, por verdaderos ensayos epistemológicos. Entre estos últimos, es muy buena la versión de Óscar Pujol. Véase también mi artículo «Sobrehumanos», disponible en *Jot Down*.

[122]   Rochefort-sur-Mer, 1908-París, 1961.

[123]   Tang, Y. Y., Hölzel, B. K., y Posner, M. I. (2015). «The neuroscience of mindfulness meditation». *Nature Reviews Neuroscience*, 16, 213-225.

[124]   *Current Opinion in Psychology*, vol. 28 (2019).

[125]   Kabat-Zinn, J. (2019). «Seeds of a necessary global renaissance in the making: the refining of psychology's understanding of the nature of mind, self, and embodiment through the lens of mindfulness and its origins at a key inflection point for the species». *Current Opinion in Psychology*, 28, xi-xvii.

secciones de este número especial para darse cuenta tanto de la asombrosa amplitud como de la profundidad de este florecimiento, así como de los inevitables retos que acompañan a un campo que experimenta un crecimiento tan rápido en un período de tiempo relativamente corto, y que es susceptible, como la ciencia siempre lo es, de ciertos tipos de simplificaciones excesivas, intentos de mercantilización, explotación directamente cínica, así como del virus del cientificismo, agravado por el hecho de que el tema es la meditación». Así que avisados estamos, no hay que renunciar a un sano sentido crítico y atento, pero tampoco, a estas alturas, rechazar la evidencia a raíz de un escepticismo incondicional y reactivo.

Desde luego, hay que reconocer también que no hay que dar demasiado poder a las palabras, porque sabemos que dependen del contexto, del momento, y de quien las pronuncia. La meditación es un concepto muy general, hay cientos de tradiciones, escuelas y prácticas distintas, y además a estas alturas es un término que se emplea por lo menos en tres ámbitos muy pero que muy diferentes: la espiritualidad, la ciencia y la calle. Son tres esferas que en muchos aspectos comparten muy poco, tienen objetivos incomparables y usan un léxico a veces incompatible. Así que es normal que, a la hora de hablar de *mindfulness*, haya que tener cuidado con expectativas y definiciones. La atención plena es, al mismo tiempo, una forma de ver y de relacionarse con las cosas, y un entrenamiento cognitivo para desarrollar nuestra percepción, nuestros sentidos, nuestra atención y nuestras emociones. Al fin y al cabo, es un método para restaurar un equilibrio saludable entre pasado, presente y futuro, cuerpo mediante.[126] Como todas las

---

[126] Además de los libros de Jon Kabat-Zinn, citados en el artículo anterior, recomiendo desde luego los libros de Christophe André, especialmente *Tiempo de meditar*. También es buenísimo su libro *¡Viva la libertad!*, escrito junto con Alexandre Jollien y Matthieu Ricard.

herramientas, los conceptos y los conocimientos, se puede usar bien o mal, de forma propia o inadecuada, con profundidad o superficialmente. Pero claro, es mejor no confundir el principio con sus aplicaciones. El deporte y la actividad física, por ejemplo, son aspectos fundamentales para nuestro bienestar, pero sabemos que hay que tener cuidado: cada año generan heridos, infartados y, dicho sea de paso, también abusos descarados de mercado y chanchullos de todo tipo. Aun así, achacamos todo ello a un uso impropio del recurso, al azar, o a los riesgos implícitos de meterse en juego, y a nadie se le ocurriría desaconsejar o criticar la actividad física a causa de los imprevistos que puede acarrear individualmente, o de los abusos que se pueden dar en su negocio.

Es cierto que la meditación es una exploración individual, y no se está todavía considerando mucho el hecho de que, siendo cada uno de nosotros diferentes, va a tener dinámicas distintas en función de las capacidades, necesidades y limitaciones personales. La neurociencia y las ciencias cognitivas han investigado bastantes aspectos de la meditación, pero acaban de rascar solo la superficie de esta exploración. A nivel cerebral, por ejemplo, son muchas las diferencias que se han encontrado entre quien medita y quien no, pero queda menos claro si, y en qué medida, estas diferencias se deben a efectos de la meditación o vienen ya por defecto en aquellas personas con una cierta actitud hacia esta práctica. También hay que interpretar los efectos en el comportamiento a la luz de la variabilidad humana. Es verdad que la meditación es un recurso gratis, culturalmente transversal y laico, que no necesita infraestructuras y que viene siempre contigo por doquier, porque solo se basa en tu propio cuerpo, pero tampoco se puede afirmar que es para cualquiera. El mismo remedio no funciona igual para todos, y si esto vale para una aspirina, no digamos ya para la meditación. Esta requiere cierta actitud (sobre todo motivación), y luego una serie de condiciones cognitivas que no siempre están disponibles en el abanico de capacidades de una mente. Habrá quien pueda encontrar en ella un camino y una exploración personal y, en este caso, es probable que cada uno siga un camino distinto. Luego habrá quien no tendrá la voluntad o la cordura de emprender un recorrido tan liberador y transformador, pero aun así se podrá beneficiar, de vez en cuando, de momentos de sosiego y de equilibrio, a través de breves prácticas aisladas. Y luego habrá quien, sin embargo, no tiene la mínima posibilidad de activar estos procesos, porque lleva demasiado tiempo desconectado de su cuerpo o de su mente, y la probabilidad de poder encender una chispa, en este sentido, es realmente muy baja.

Los factores implicados son muchísimos, y está claro que es difícil investigar esta maraña en un contexto experimental y estadístico. Pero hay que considerar que el *mindfulness* es un recurso que, más allá de sus principios y potencialidades, luego se aplica a contextos que son cada uno distinto. Sea como sea, así como necesitamos una higiene corporal, también necesitamos una higiene mental. Lo cual, en la mayoría de los casos, no se alcanza comprando una pastilla o limitándose a sufrir y lamentar las desdichas de la vida, sino comprometiéndose con un cambio. Y esto no vale solo para el individuo, sino también para la comunidad: igual que una mala salud física repercute drásticamente en los costes económicos y en la calidad de vida de una sociedad, una mala salud mental desgasta y malgasta no solo la vida de una persona, sino también la de todo su entorno. La meditación como práctica de higiene mental, en este sentido, no es mera responsabilidad hacia nosotros mismos, sino también hacia los demás, empezando por los que tenemos más cerca. Los cambios, general-mente, son parte de una trasformación colectiva.[127]

Este cambio a veces empieza por la sección de autoayuda de las librerías, que a estas alturas se queda como etiqueta ya un poco obsoleta y anacrónica, y quizá necesitaría también una actualiza-ción en el aquí y ahora de las estanterías modernas. No es recomen-dable mezclar demasiado temas tan diferentes y tan distantes, sobre todo si proceden de fuentes tan distintas. Si la ciencia e incluso el sistema escolar ya acogen la meditación desde hace años, igual habría que empezar a hacer un poco de orden en los catálogos libreros. En algunas (pocas) librerías, la meditación tiene ya su pro-pia alacena, al lado de la de psicología o, por qué no, de la de depor-te. Pero demasiadas veces sigue perdida en repisas improbables, o incluso desperdigada en las que haya, como pariente lejano del psi-coanálisis o de la religión. En este sentido, es indicativo que ni si-quiera la Real Academia Española se haya percatado todavía de que los tiempos han cambiado, y a día de hoy define el verbo *medi-tar* como: «pensar atenta y detenidamente sobre algo. ¿Has me-ditado tu decisión? U. t. c. intr. Debes meditar sobre el problema». Sin embargo, la palabra *meditación* ya tiene un espacio que va más allá de una acepción general y popular. Ya no va de tener la mente en blanco, o de dar vueltas a tus problemas mientras caminas. Pre-cisamente es todo lo opuesto: es conectar la mente con todo lo que la alcanza, y dejar de rumiar sobre por qué las cosas no van como queremos. Lo cual no quiere decir resignarse, sino, al revés, impli-carse profundamente con el cambio, que empieza siempre, merece la pena recordarlo, en el momento presente.

[127]   Aprovecho para agradecer a las muchas personas que me han acompañado y apoyado en este camino entre yoga y meditación, especialmente a Esti Bartolomé, José Luis Cabezas, del Insti-tuto Yoga Dinámico, y Gustavo Diex, del Instituto Nirakara.

Agradecimientos

Estos artículos han sido publicados a lo largo de una decena de años, con lo cual son el fruto del intercambio y de la conexión con diferentes personas de mi entorno privado y profesional. Quiero agradecer, en primer lugar, al equipo editorial de *Investigación y Ciencia*, por haber contribuido al saber colectivo y por haberme involucrado en este propósito. Gracias, entonces, a Carlo Ferri, Bruna Espar, Marta Pulido, Ernesto Lozano, Puri Mayoral, Laia Torres, y a todos los compañeros de la redacción. Al mismo tiempo, gracias a Cris Pérez, Sara Mendoza y a Shackleton Books por acoger estos textos desahuciados y salvarlos de la hoguera multinacional.